# umwelt: technik

Themenheft

# Elektrotechnik

## Nutzung des elektrischen Stroms



Klaus Helling
Gerhard Hessel
Alfred Köger
Peter Kornaker
Walter Kosack
Rainer Schönherr

Bearbeitet von
Horst Babendererde
Heinrich Brandt
Bernd Höchel
Hartmut Kreienbrink
Uwe Lenz
Heinz Schlüter

Ernst Klett Verlag
Stuttgart Düsseldorf Leipzig

## *Bildquellenverzeichnis*

Umschlag: oben: Tony Stone, München – unten: Stockmarket, Düsseldorf – 3.1 Marian René Menges Verlag, Hamburg – 4.1 Deutsche Telekom AG, Bonn – 4.2 Carrera Century Toys GmbH, Fürth – 4.3 Mauritius (Ridder), Stuttgart – 4.4 Johann Leupold, Wendisch-Evern – 5.8 Staatsgalerie Stuttgart, Graphische Sammlung, Stuttgart – 23.1 Siemens AG, München – 28.1 Süddeutscher Verlag, München – 28.2 AKG-Photo, Berlin – 30.1 BPK, Berlin – 30.2 + 3 Deutsches Museum, München – 31.5 Mauritius (Macia), Stuttgart – 32.1 + 33.6 (rechts) J. Brändli (1893) – 33.7 Landesmuseum für Technik und Arbeit, Mannheim – 43.1a fischerwerke Artur Fischer GmbH, Waldachtal – 43.1b Horst Rudel, Stuttgart/NWS – 44.3 Trix, Nürnberg – 45.7 Guntram Gerst, Stuttgart/NWS – 45 oben Deutsches Museum, München – 47.5 Rainer Schönherr, Oberteuringen – 54 oben Bundesanstalt für Arbeit, Nürnberg – 54.1 Siemens AG, München – 54.2 dpa (Bildfunk), Frankfurt/M. – 55.3 Mauritius, Stuttgart – 55.4 Baden-Württembergischer Handwerkstag (Foto: Bernd Krug), Stuttgart – 55.5 Siemens AG, München

Alle weiteren Fotos:
Werkstatt Fotografie Neumann und Zörlein, Stuttgart, und Ernst Klett Verlag

1. Auflage A 1 5 4 3 2 1 | 2003 2002 2001 2000 99

Alle Drucke dieser Auflage können im Unterricht nebeneinander benutzt werden, sie sind untereinander unverändert. Die letzte Zahl bezeichnet das Jahr dieses Druckes.



Repro: Reprostudio Günther, Gerlingen
Druck: Appl, Wemding. Printed in Germany
Grafiken: Jörg Mair Computergraphik, Herrsching, Alfred Marzell, Schwäbisch Gmünd
Umschlaggestaltung: Höllerer Kommunikation, Stuttgart

ISBN 3-12-757815-6

# Inhalt

### Arbeitsteil



### Informationsteil



### Wie du mit diesem Themenheft umgehen kannst

Dieses Themenheft besteht aus zwei Teilen:

- dem Arbeitsteil, mit dem du praktisch arbeiten kannst,
- dem Informationsteil, in dem du zusätzliche Hinweise und Erklärungen finden kannst.

Das Inhaltsverzeichnis auf dieser Seite und das alphabetische Stichwortverzeichnis hinten im Heft erleichtern die Suche nach speziellen Themen.

Oft hast du bestimmte Fragen, die du schon beantworten kannst, sobald du das entsprechende Kapitel bearbeitet oder unter dem richtigen Stichwort nachgeschlagen hast. Manchmal suchst du nur Ideen – dann solltest du einfach einmal in diesem Heft blättern – du findest sicher eine Anregung für deine weitere Arbeit.

Natürlich kann es sein, dass du mehr Informationen haben möchtest als hier angeboten werden – dann schlag einfach die erste Seite des Informationsteils auf – dort findest du Anregungen, wo du weitersuchen könntest.

Wir wünschen dir ein gutes Gelingen mit Spaß, Erfolg und guten Noten.

Die Autoren

## *Warum das Thema wichtig ist*

Die uns fast selbstverständlichen Einsatzmöglichkeiten bei der Nutzung des elektrischen Stroms haben viele Tätigkeiten angenehmer gemacht, haben das menschliche Zusammenleben und die berufliche Arbeitswelt verändert.
Wir schalten elektrisches Licht ein, betätigen den elektrischen Türöffner, schreiben Texte mit dem Computer, waschen und spülen mit elektrischen Maschinen, hören Musik mit dem CD-Player, bezahlen mit einer Magnetkarte, richten uns im Straßenverkehr nach einer elektrischen Ampelanlage, fahren mit elektrisch betriebenen Zügen. Allerdings ist es nicht immer einfach, diese Vorgänge zu durchschauen.

Den Vorteilen stehen aber auch Nachteile gegenüber. Dazu gehört vor allem, dass elektrischer Strom für uns Menschen sehr gefährlich sein kann. Gesundheitliche Gefahren können z. B. ausgehen von der

- Berührung von spannungsführenden Teilen,
- Einwirkung elektromagnetischer Felder aus elektrischen Leitungen, Transformatoren oder Mobilfunkgeräten,
- Strahlung von Bildröhren und Mikrowellenherden.

Außerdem kann die unsachgemäße Entsorgung von Elektroschrott zu einer sehr großen Umweltbelastung werden.

*1* Kommunikation

*3* Freizeit

*2* Spiel

*4* Elektrischer Strom kann gefährlich sein

## *Was du lernen und üben kannst*

Das Experimentieren mit elektrischen Bauteilen und das Lösen von Aufgaben wird dir Spaß machen. Du lernst und übst dabei,

- wie man experimentiert, um elektrotechnische Probleme zu lösen,
- welche Anwendungen und Funktionen elektrische Bauteile haben,
- wie man durch das Einhalten eines schrittweisen Vorgehens Gegenstände der Elektrotechnik erfolgreich konstruieren und herstellen kann,
- wie man elektrische Größen misst,
- wie Schaltungen im Schaltbild dargestellt werden,
- wie man aus einem Schaltplan eine Schaltung entwickelt,
- wie in der Geschichte der Elektrotechnik Probleme gelöst wurden,
- welche Schutzmaßnahmen zu beachten sind.

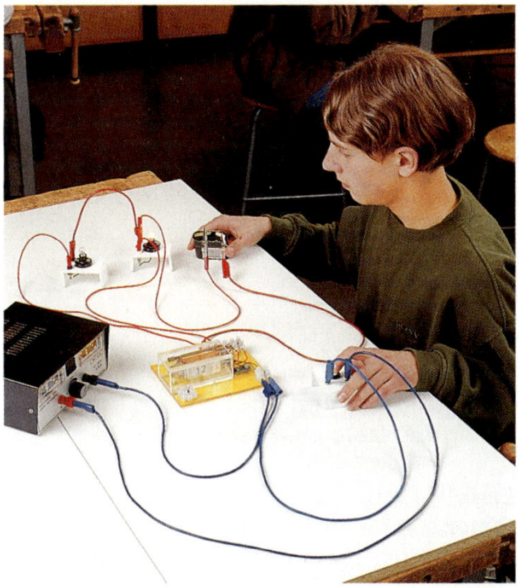

***5*** Experimentieren mit Relais

***7*** Messen mit dem Vielfachmessgerät

***6*** Planen und Herstellen einer Schaltung

***8*** Entwicklungsschritte der Elektrotechnik kennen lernen

***Außerdem lernst und übst du,***
- wie man mit anderen zusammenarbeitet,
- wie man das Gelernte anderen mitteilt,
- wie man sich selbstständig etwas erarbeitet,
- wie Arbeitsweise und Arbeitsergebnisse beurteilt werden können.

# Anlagen oder Gegenstände planen und herstellen

Zusammen mit anderen sollst du eine Anlage oder einen Gegenstand (ein Objekt) planen und anschließend herstellen und erproben.

Bevor du mit den ersten Planungsschritten beginnst, muss dir klar sein, dass du unbedingt Sicherheitsvorschriften einhalten musst. Lies deshalb zunächst die Informationen zur Arbeitssicherheit auf Seite 12 durch.

### *1. Schritt: Objekt festlegen*

Zunächst könntest du zusammen mit anderen überlegen, für welchen Zweck ihr die Anlage oder den Gegenstand herstellen wollt. Die abgebildeten Objekte auf Seite 7 dienen zur Anregung.

### *2. Schritt: Anforderungsliste erstellen*

Das Objekt muss mit Mitteln hergestellt werden können, die der Schule zur Verfügung stehen. Die Arbeitszeit wird zusammen mit eurem Lehrer oder eurer Lehrerin festgelegt. Erstellt eine Liste, in der alle Anforderungen an den Gegenstand aufgeführt werden.

### *3. Schritt: Informationen beschaffen*

Bevor ihr die ausgewählten elektrotechnischen Objekte sorgfältig planen, herstellen und überprüfen könnt, solltet ihr euch über Schaltungen und Bauteile informieren, das Messen mit einem Vielfachmessgerät üben, Versuche mit verschiedenen Schaltungen durchführen und Lötverbindungen an Probestücken erproben.

### *4. Schritt: Ideen entwickeln und entscheiden*

Versucht die gestellte Aufgabe in Teilprobleme zu zerlegen. Sammelt Ideen zur Lösung jedes Teilproblems und stellt sie in einer Tabelle dar, ähnlich der aufgeführten Tabelle auf Seite 7.

Begründet und besprecht die Lösungen der Teilprobleme miteinander und entscheidet, welche Lösung ihr bevorzugt.

### *5. Schritt: Stromlaufplan anfertigen*

*Physik: Elektrizitätslehre*

Fertigt einen Stromlaufplan an (siehe Infoteil) und überprüft ihn.

***Checkliste*** zur Überprüfung von Stromlaufplänen:

| | |
|---|---|
| Schaltsymbole übersichtlich angeordnet? | ✓ |
| Schaltplan von links nach rechts lesbar? | |
| Schaltsymbole verglichen (3. Umschlagseite)? | |
| Schaltelemente im stromlosen Zustand gezeichnet? | |
| Spannungsangabe vorhanden? | |
| Leitungen parallel zu den Blatträndern gezeichnet? | |
| überflüssige Kreuzungen vermieden? | |
| alle Verbindungspunkte vorhanden? | |
| Kurzschlüsse vermieden? | |
| Strichstärke sinnvoll? | |

### *6. Schritt: Fertigungsskizzen oder Fertigungszeichnungen erstellen*

Erstellt für Schaltung und Gehäuse eures Objekts eine Fertigungsskizze oder eine Fertigungszeichnung, wenn dies erforderlich ist, und lasst sie von anderen überprüfen.

***Checkliste*** zur Überprüfung von Verdrahtungs- und Bestückungsplänen:

| | |
|---|---|
| Bauteile sinnvoll angeordnet? | ✓ |
| Bauteile mit tatsächlichen Maßen dargestellt? | |
| Leitungen parallel zur Aufbauplatte angeordnet? | |
| Leitungen farblich unterschieden? | |
| Anschlüsse der Leitungen nummeriert? | |
| Beschriftung aller Anschlüsse vorgenommen? | |
| Übereinstimmung mit dem Stromlaufplan gegeben? | |

### *7. Schritt: Stückliste anfertigen*

Fertigt eine Stückliste an. Beschäftigt euch mit Katalogen für elektrotechnische Artikel.
Erstellt eine Bestellliste für Bauteile, die in der Schule nicht vorrätig sind oder wieder ergänzt werden müssen.

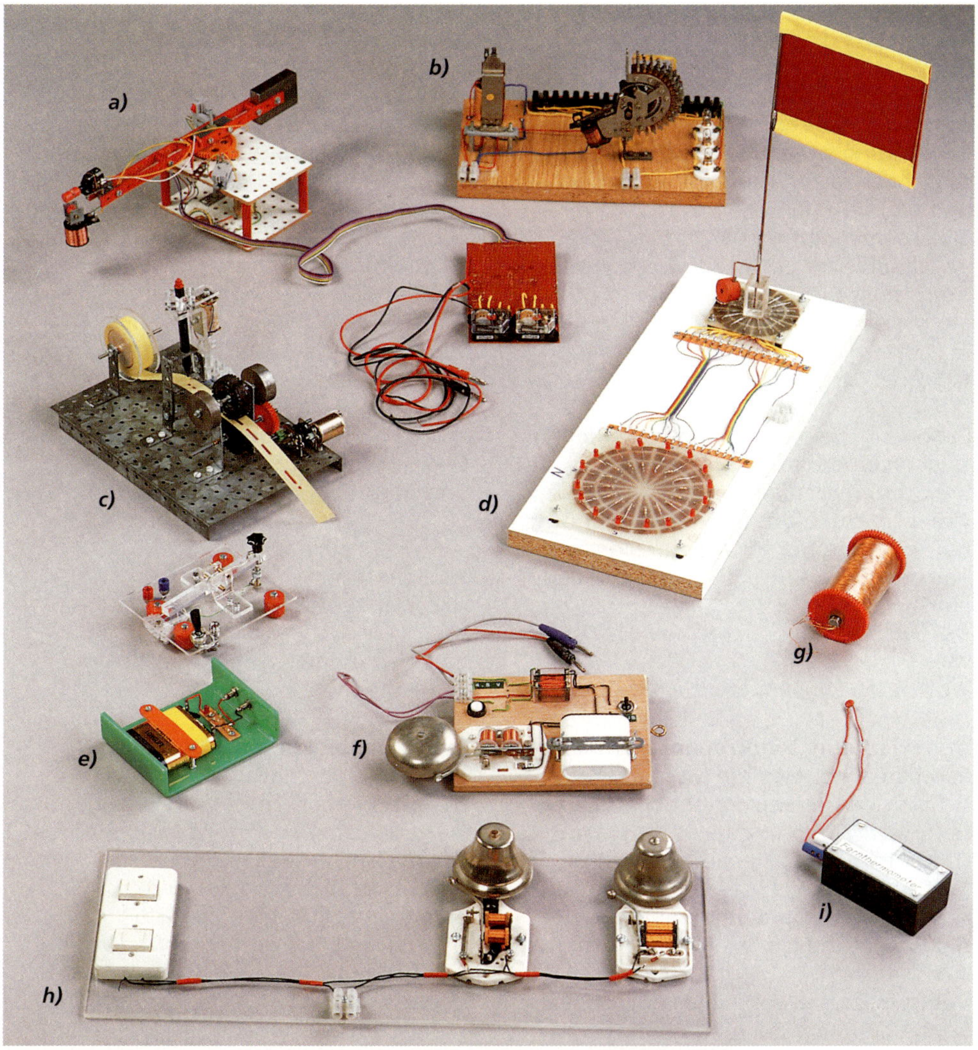


*a) Schwenkarm*
*b) Ampelsteuerung*
*c) Morsegerät mit Morsetaste*
*d) Windrichtungsfernanzeiger*
*e) Durchgangsprüfer*
*f) Alarmanlage*
*g) selbst gewickelter Elektromagnet*
*h) Klingelanlage*
*i) Fernthermometer*
*j) automatisch gesteuerte Lokomotive*

**1** Von Schülerinnen und Schülern hergestellte Objekte

| Signaleingabe | Kontaktstelle | Signalspeicher | Signalausgabe | Energieteil | Leitungen | Verbindung | Gehäuse |
|---|---|---|---|---|---|---|---|
| Schließen | Reißdraht | mechanisch | Lämpchen | Batterie | Draht | geschraubt | Holz |
| Öffnen | Lichtschranke | elektromechanisch | LED | Akku | Metallstreifen | gesteckt | Kunststoff |
| Berühren | Reedkontakt | elektronisch | Klingel | Netzgerät | geätzte Platte | geklemmt | Metall |
| … | Kontaktmatte | … | Summer | … | … | gelötet | … |
| | … | | Sirene | | | … | |

**2** Anlagenteile und mögliche Bauteile zur Lösung von Teilproblemen

## *Anlagen oder Gegenstände planen und herstellen*

***8. Schritt:***
***Beurteilungskriterien festlegen***

Erstellt zusammen mit eurem Lehrer oder eurer Lehrerin einen Kontroll- und Beurteilungsbogen, anhand dessen ihr später das fertige Objekt kontrolliert und beurteilt. Bei elektrotechnischen Objekten kommt es besonders auf die einwandfreie elektrotechnische Funktion an. Gewichtet entsprechend.

***9. Schritt: Arbeitsplan erstellen***

Legt die Arbeitsschritte und ihre Reihenfolge in einem Arbeitsplan mit den benötigten Werkzeugen und sonstigen Arbeitsmitteln fest. Schätzt die benötigten Arbeitszeiten für die einzelnen Arbeitsschritte und tragt sie in die Tabelle ein.

***10. Schritt: Objekte herstellen***

Ist geklärt, wer Werkzeuge und Materialien bereitlegt, wer die Maschinen einrichtet und für welchen Dienst du eingeteilt bist?
Du darfst mit der Herstellung erst beginnen, wenn dein Lehrer oder deine Lehrerin dir die Arbeitsfreigabe, das heißt die Erlaubnis dazu, erteilt hat.

Vor dem Einbau von elektrotechnischen Bauteilen musst du ihre Funktionstüchtigkeit mit dem Vielfachmessgerät überprüfen oder messen.

Überprüfe in Zwischenkontrollen immer wieder die Qualität deiner Arbeit.

Halte im Arbeitsplan fest, wie viel Zeit du für die Erledigung der einzelnen Arbeitsschritte benötigt hast und vergleiche Sollzeit und Istzeit.

***11. Schritt: Materialkosten berechnen***

Berechnet anhand von Stückliste und Katalogen die Materialkosten des fertigen Gegenstandes.

***12. Schritt:***
***Arbeitsergebnisse vorstellen und beurteilen***

Stellt eure Skizzen, Zeichnungen und praktischen Arbeiten vor und erläutert sie.

Begründet, falls Planung und Ergebnis nicht übereinstimmen, weshalb ihr von der Planung abgewichen seid.

Soll der Kontroll- und Beurteilungsbogen unverändert beibehalten oder soll er korrigiert werden? Kontrolliert und beurteilt anschließend gegenseitig eure Gegenstände und füllt den Kontroll- und Beurteilungsbogen aus.

***13. Schritt:***
***Nachbetrachtung durchführen***

Versucht gemeinsam, folgende Fragen zu beantworten:

a) Weshalb haben wir uns mit dem Thema beschäftigt?
b) Was war am Thema interessant?
c) In welchen Schritten sind wir vorgegangen?
d) Was ist uns gut gelungen?
e) Was war für uns schwierig?
f) Welche Erfahrungen haben wir gesammelt?
g) Was sollten wir weiterhin tun und was sollten wir ändern?
h) Wäre es sinnvoller gewesen, das Objekt in einem anderen Schaltungsaufbau herzustellen?
i) Können wir unsere Objekte mit solchen von Fachleuten bzw. mit Industrieprodukten vergleichen, z. B. hinsichtlich Auswahl der Bauteile, Schaltungsaufbau, Gestaltung des Gehäuses, Handhabung?
j) Sind wir mit dem Vielfachmessgerät genügend vertraut, um mit ihm prüfen und messen zu können?
k) Worüber sollten wir noch mehr wissen und erfahren?
l) Welche Maßnahmen zum Schutz der Umwelt könnten ergriffen werden?
m) …

## Vorschläge und Hilfen

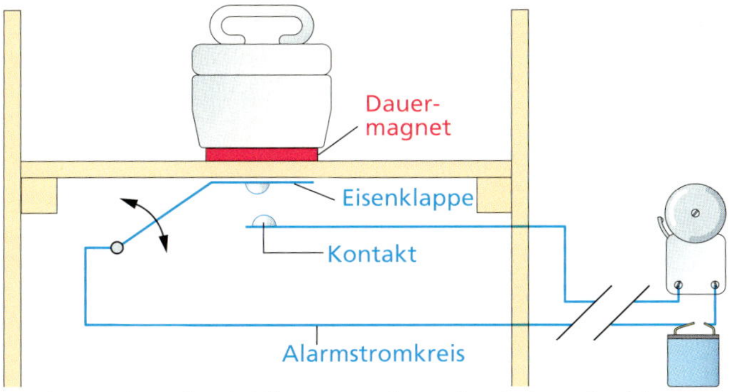


*1* Alarmanlage für Geldkassette mit mechanischem Speicherelement

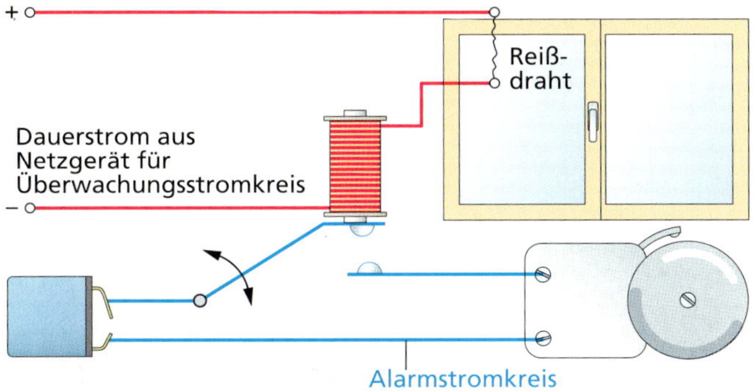


*2* Alarmanlage zur Sicherung eines Fensters mit elektromechanischem Speicherelement

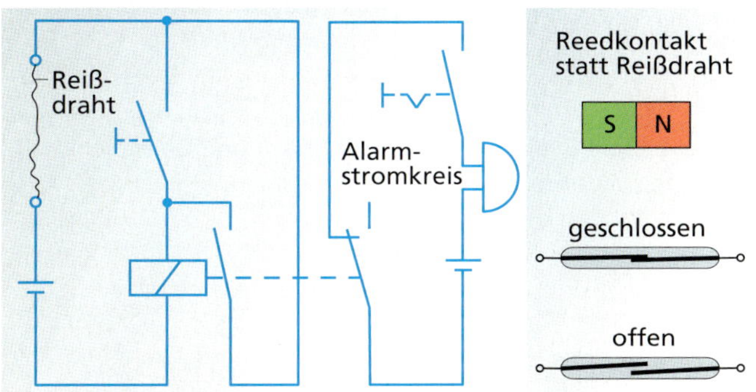


*3* Relais in Selbsthalteschaltung

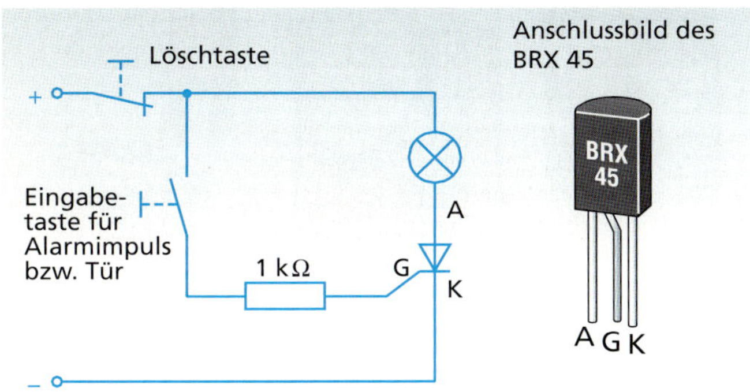


*4* Thyristor als Speicherelement

### *Alarmanlagen*

Bei wirkungsvoll arbeitenden Alarmanlagen wird nach einem kurzen Melden einer Gefahr (hohe Temperatur, Rauch, Feuer, Einbruch, Diebstahl, ...) dauerhaft Alarm gegeben. Ein kurzer Alarmimpuls wird gespeichert.
Die hier dargestellte Auswahl zahlreicher Möglichkeiten soll dir Anregungen für die Planung von Alarmanlagen geben.

### *Mechanisches Speicherelement*

Eine Klappe wird durch einen Magneten hochgehalten, der unter dem gesicherten Gegenstand befestigt ist (Abb. 1). Wird der Gegenstand entfernt, fällt die Klappe herunter und schließt einen Alarmstromkreis. Der Magnet unter dem gesicherten Gegenstand darf nicht so stark sein, dass er die herabgefallene Klappe hochheben kann. Sie muss von Hand hochgehoben werden.

### *Elektromechanisches Speicherelement*

Der Dauermagnet kann durch einen Elektromagneten ersetzt werden (Abb. 2).

### *Relais als Speicherelement*

Die Relaisschaltung nach Abb. 3 kann zu einer wirkungsvollen Alarmanlage erweitert werden. Das Relais in Selbsthalteschaltung muss durch einen Alarmstromkreis mit einem weiteren Relaiskontaktpaar ergänzt werden.

### *Thyristor – ein elektronischer Speicher*

Thyristoren arbeiten ohne Schaltkontakte. Sie können einen Stromkreis blockieren. Durch einen kurzen positiven Steuerimpuls wird der Thyristor leitend (Abb. 4). Mit der Steuerleitung kann der Thyristor nur „gezündet", jedoch nicht wieder zurückgesetzt (gesperrt) werden. Zum Sperren muss der Strom durch den Thyristor so stark verringert oder ganz unterbrochen werden, dass der gespeicherte Schaltzustand nicht mehr „gehalten" wird.

## *Vorschläge und Hilfen*

### *Zeitplansteuerungen*

Elektrische Objekte lassen sich nach einem festgelegten Zeitplan automatisch ein- und ausschalten, z. B. Blinklichter, Lauflichter, Ampelanlagen, Fischfütterautomaten, Radiowecker, Zeitschalter für das Fotolabor oder die Treppenhausbeleuchtung. Du kannst Zeitschalter nach völlig verschiedenen Ideen konstruieren.

### *Zeitschalter mit Schaltscheibe (Ausschaltverzögerung)*

Mit einer Zeitschaltung kann eine Beleuchtungseinrichtung durch kurzes Betätigen eines Tasters eingeschaltet werden. Nach einer festgelegten Zeit wird die Beleuchtung automatisch ausgeschaltet.

Für die Entwicklung der Schaltung eines Zeitschalters mit Schaltscheibe empfiehlt sich zunächst ein Versuchsaufbau.
Die folgenden Schritte bieten eine ***Lösungshilfe*** an:

1. Die Spannungsquelle wird an den Motor angeschlossen. Der Motor treibt über ein Getriebe eine Schaltscheibe an.
2. Der Strom für den Motor fließt über einen Kontaktschalter in der Ausführung eines AUS-Tasters. Dieser wird von der Schaltscheibe betätigt. Nach einer Umdrehung der Schaltscheibe wird der Motor abgeschaltet.
3. Nach kurzem Druck auf einen EIN-Taster wird die Stromunterbrechung überbrückt. Der Motor läuft wieder an. Die Schaltscheibe gibt den Kontaktschalter frei, der Kontaktschalter schließt sich.
4. Ein Lämpchen wird angeschlossen. Es leuchtet so lange, wie der Motor läuft. Der Motor darf durch den Anschluss des Lämpchens nicht langsamer laufen oder still stehen, wenn es defekt ist.

***Erweiterung:***
- Schließe zwei weitere Lämpchen an.
- Der Zeitschalter soll von mehreren Stellen aus mit Tastern eingeschaltet werden können.

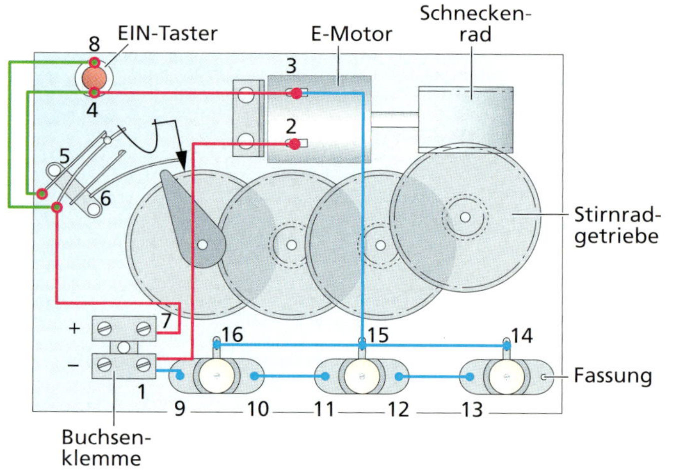


*1* Bestückungs- und Verdrahtungsplan

*2* Zwei Beispiele für Zeitschalter mit Motor und Getriebe

*3* Zeitschalter für Treppenhausbeleuchtung

***Zeitschalter mit Bimetallstreifen (Kurzzeitschalter)***

Ein Bimetallstreifen wird mit Teflonfolie umhüllt. Darauf wird Konstantandraht gewickelt. Die Windungen können eng nebeneinander liegen, dürfen sich jedoch nicht berühren.

***Zeitschalter mit Reedkontakten (Langzeitschalter)***

Mit Reedkontakten können Schaltvorgänge berührungsfrei ablaufen. Die Reedkontakte können mit einem Magneten geschaltet werden, der durch einen Getriebemotor bewegt wird. Bei langen Schaltlaufzeiten eignen sich Uhrwerke, bei denen ein Magnet auf einen Zeiger geklebt wird.

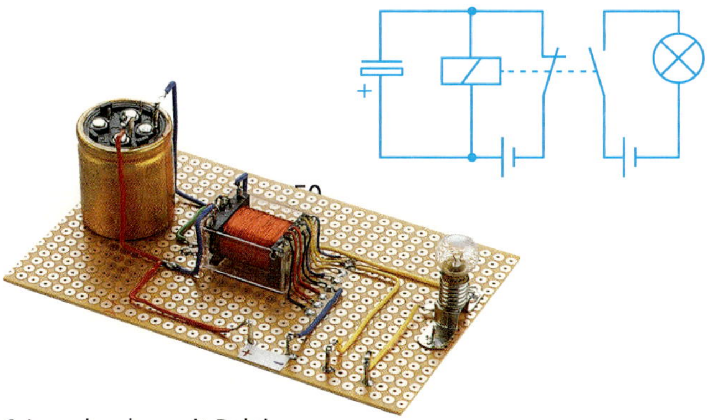

***4*** Impulsgeber mit Relais

***Zeitschalter mit Relais (Impulsgeber)***

Fließt der Steuerstrom über den Öffnerkontakt eines Relais, so zieht das Relais zunächst an und unterbricht damit den eigenen Stromkreis. Bei stromloser Spule wird aber der Öffnerkontakt geschlossen, Strom kann wieder fließen. Dieser Vorgang wiederholt sich sehr rasch. Wird ein Elektrolytkondensator parallel zur Relaiswicklung geschaltet, verzögert sich das Abschalten des Relais.

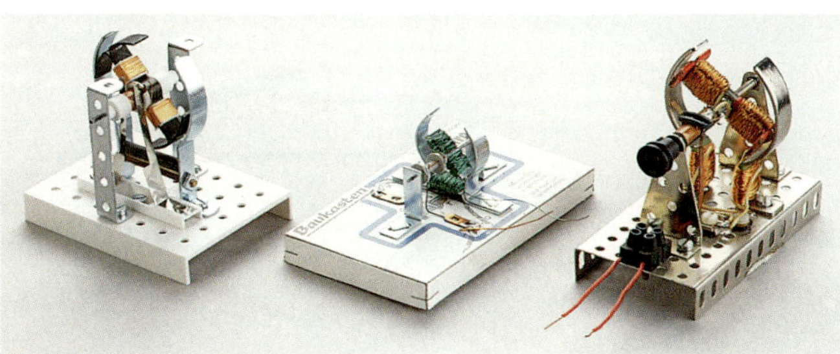

***5*** Elektromotoren aus Modellbausätzen

***Verbesserung eines Elektromotors aus Modellbauteilen***

Es gibt viele Möglichkeiten, die Qualität von Elektromotoren aus Modellbausätzen zu verbessern. Damit du solche Motoren verbessern kannst, musst du dir Informationen über deren Wirkungsweise beschaffen.

***Zum Schritt „Informationen beschaffen"***

Baue den Modellmotor nach der mitgelieferten Bauanleitung auf. Lege Spannung an den eingebauten Anker (Rotor) und überprüfe die Pole des Ankers bei verschiedenen Stellungen mit einer Magnetnadel. Diese Überprüfung wird durchgeführt, bevor die Erregerwicklung des Stators angeschlossen ist bzw. bevor die Magnete eines Permanent-Motors montiert sind.

***Zum Schritt „Ideen entwickeln"***

Modellmotoren mit zweipoligem Anker, also zwei Wicklungen, können nicht bei jeder Ankerstellung selbstständig anlaufen. Dreipolanker laufen hingegen aus jeder Lage an. Schleifringe für einen Motor mit Dreipolanker können aus aufgesägten Messing- oder Kupferrohren hergestellt werden, die auf eine Kunststoffhülse aufgeklebt werden.

Die Lager für den Rotor lassen sich durch Verbreiterung der Gleitlager mit Hülsen verbessern. Die Schleifkontakte können der Rundung der Schleifringteile so angepasst werden, dass die Berührung nicht nur linienförmig oder punktförmig ist.

Wenn du gebräuchliche Kleinmotoren untersuchst, kannst du auf weitere Ideen zur Verbesserung von Modellbausätzen kommen.

***Zum Schritt „Arbeitsergebnisse beurteilen"***

Mit einem Drehzahlmessgerät für die Luftschraube von Modellflugzeugen kannst du die Drehzahl des Motors feststellen. Anschließend kannst du die Leistung des Motors ermitteln, wenn du die hierfür notwendigen Informationen deinem Physikbuch entnimmst.

## *Versuche durchführen*

***Arbeitssicherheit:***

- Experimente mit der Spannung 230 V unseres Stromnetzes sind lebensgefährlich und deshalb für dich verboten!
- In der Schule sind nur Experimente mit einer Kleinspannung bis 24 V erlaubt!
- Schließe niemals eine von dir hergestellte Schaltung an eine Spannung mit 230 V an!
- Gehäuse von Netzgeräten darfst du niemals öffnen!

***Arbeitshinweise:***

- Klärt mit eurem Lehrer oder eurer Lehrerin, ob die Versuche auf Gruppen aufgeteilt oder in Einzel- oder Partnerarbeit ausgeführt werden sollen.
- Beschafft euch die für die Versuche benötigten Arbeitsmittel.
- Lest die Angaben zu den Versuchen sorgfältig durch.
- Baut die Schaltungen übersichtlich auf. Vermeidet möglichst das Überkreuzen der Leitungen.
- Schließt die Spannungsquellen erst an, wenn die Schaltungen aufgebaut und kontrolliert sind.
- Geht bei der Fehlersuche systematisch vor. Stellt Vermutungen an über mögliche Fehlerquellen und überprüft Bauteil für Bauteil.
  Sind die Spannungen an den Bauteilen so groß, wie sie theoretisch sein müssten?
- Zeichnet jede Schaltung in euer Heft und fasst eure Beobachtungen in Merksätzen zusammen.
- Wollt ihr genauen Aufschluss über die Wirkungsweise von Schaltungen bekommen, müsst ihr die Spannungen an den Bauteilen und die Stromstärken in allen Stromzweigen messen. Protokolliert Messwerte im Heft.
- Schlagt im Infoteil nach, wenn ihr Formeln oder Sachinformationen benötigt.
- Wenn ihr wissen wollt, ob ihr eine Schaltung verstanden habt, erklärt sie jemand anderem.

### *Versuch 1:*
### *Spannungsquellen untersuchen*

Informiere dich über die Benutzung deines Vielfachmessgeräts zum Messen von Spannung und Stromstärke und untersuche verschiedene Schaltungsanordnungen mit Spannungsquellen.

***Arbeitssicherheit:***

Vorsicht, achte auf die richtige Polung des Kondensators! Er könnte sonst explodieren!

***Arbeitsmittel:***

2 Flachbatterien; 1 verbrauchte Flachbatterie; Modellbahntrafo; 1 Vielfachmessgerät; 2 EIN-Taster; 1 Gleichrichter; 2 Gleichstrommotoren; 1 Kondensator 1000 µF bis 10 mF; 2 Lämpchen 3,8 V/0,07 A; 2 Fassungen E 10; 1 Experimentierbrett; Experimentierschnüre; Schaltdraht

***Arbeitshinweise:***

- Baue die Schaltungen auf und ermittle ihre Eigenschaften.
- Miss die Spannungen und Stromstärken nach den dargestellten Schaltbildern und protokolliere die Messwerte.
- Zeichne die Schaltbilder mit Bleistift in dein Heft und beantworte die folgenden Fragen.

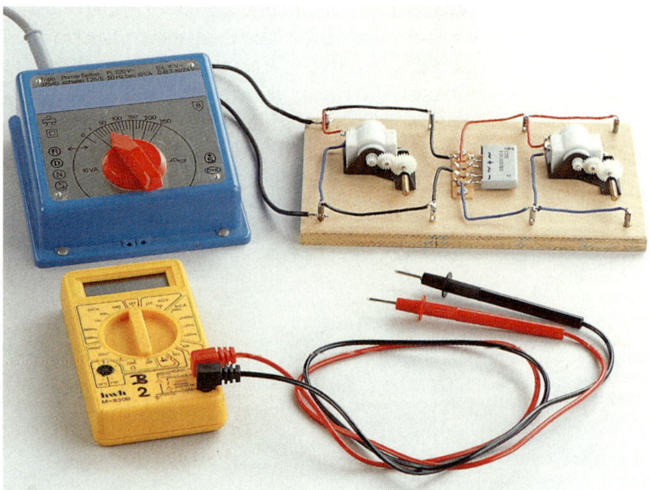

***1*** Gleichspannung aus Wechselspannung (Versuch 1g)

a) Bleibt die Spannung einer Taschenlampenbatterie konstant, wenn ein Lämpchen angeschlossen wird?

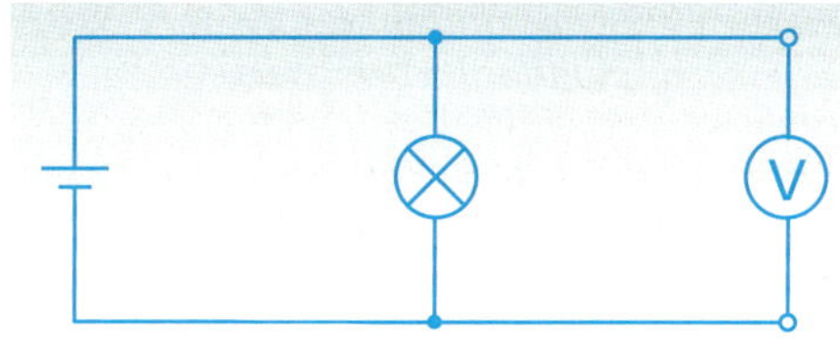

b) Welche Spannung wird erreicht, wenn bei einer Reihenschaltung von zwei Batterien ungleichnamige Pole miteinander verbunden werden (d. h. Pluspol der einen Batterie an Minuspol der anderen Batterie)?

c) Welche Spannung wird erreicht, wenn bei einer Reihenschaltung von Batterien gleichnamige Pole miteinander verbunden sind?

d) Wozu könnten Spannungsquellen parallel so zueinander geschaltet werden, dass gleichnamige Pole miteinander verbunden sind?

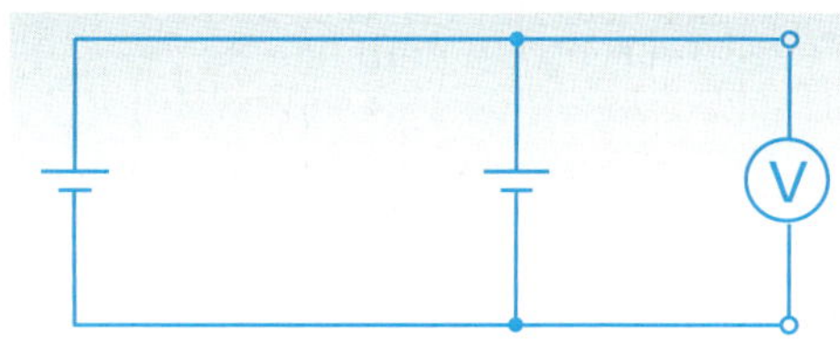

e) Weshalb dürfen Spannungsquellen nicht parallel mit ungleichnamigen Polen zusammengeschaltet werden?

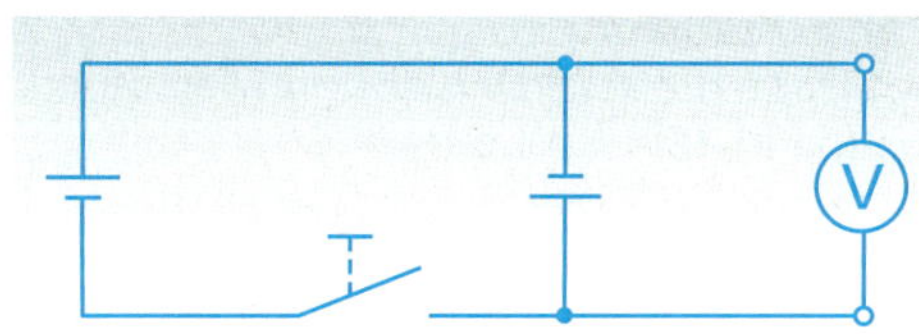

nur kurzzeitig betätigen!

f) Mit welchem Bauelement lassen sich rasch geringe Ladungsmengen laden, speichern und wieder entladen?

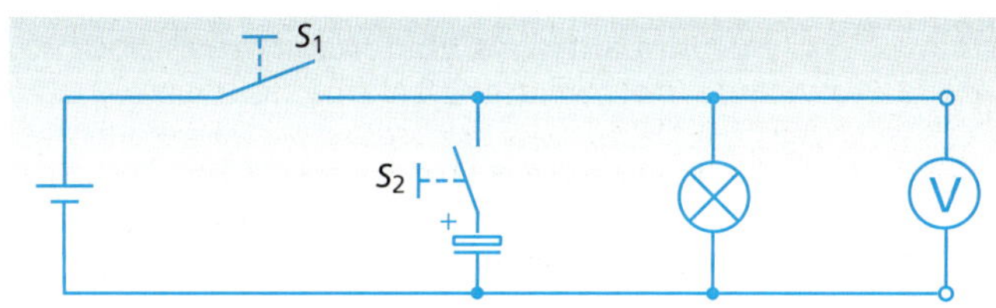


g) Welche Funktion übernimmt der Gleichrichter in der Schaltung?

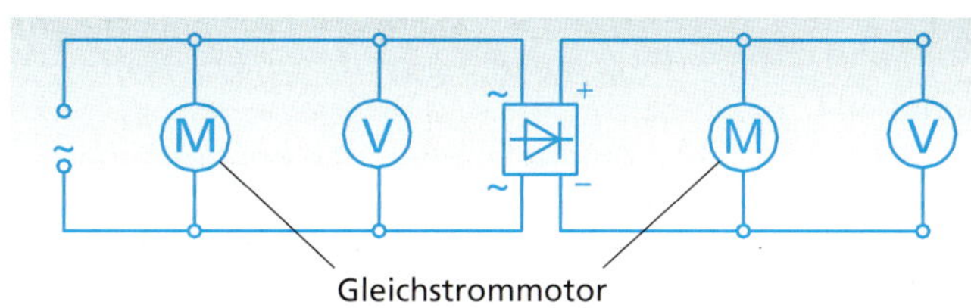

# Versuche durchführen

### *Versuch 2: Schaltungen mit Widerständen erforschen*

Informiere dich über die Benutzung deines Vielfachmessgeräts zum Messen von Spannung, Stromstärke, Widerstand und untersuche Schaltungen mit festen und veränderlichen Widerständen.

***Arbeitsmittel:***
1 Vielfachmessgerät; 1 Flachbatterie; 1 Potentiometer 100 Ω; 1 Fotowiderstand (LDR); 1 Heißleiter 22 kΩ; 1 Lämpchen 3,8 V/0,07 A; 1 Fassung E 10; 1 Widerstand 150 Ω; 1 Widerstand 220 Ω; 1 Experimentierbrett; Experimentierschnüre; Schaltdraht

***Arbeitshinweise:***

- Stelle den richtigen Messbereich des Messgeräts ein.
- Beachte, dass vor dem Messen von Widerständen die Spannungsquelle entfernt werden muss.
- Beachte, dass vor dem Messen von Einzelwiderständen bei einer Parallelschaltung die Verbindung zwischen den Widerständen geöffnet werden muss.
- Beachte, dass vor dem Messen der Stromstärken die Verbindungen zwischen den Messpunkten geöffnet werden müssen.

***Versuchsablauf:***

- Trage die Schaltbilder und Messtabellen in dein Heft ein.
- Baue die Schaltungen übersichtlich auf.
- Ermittle die angegebenen Messgrößen und ergänze deine Messtabellen.
- Beschreibe deine Versuchsergebnisse.
- Beantworte folgende Fragen und formuliere Gesetzmäßigkeiten.

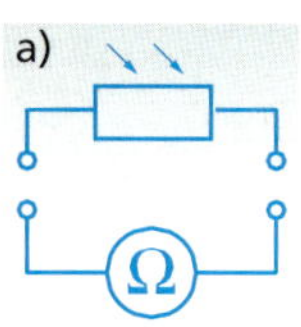


a) Wie verändert sich der Widerstandswert eines Fotowiderstands bei zunehmender Helligkeit?

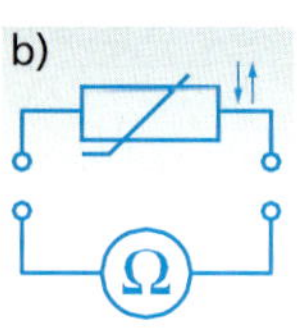


b) Wie verändert sich der Widerstandswert eines Heißleiters bei zunehmender Temperatur?

c) Welche Spannungen können mit einem Potentiometer eingestellt werden?

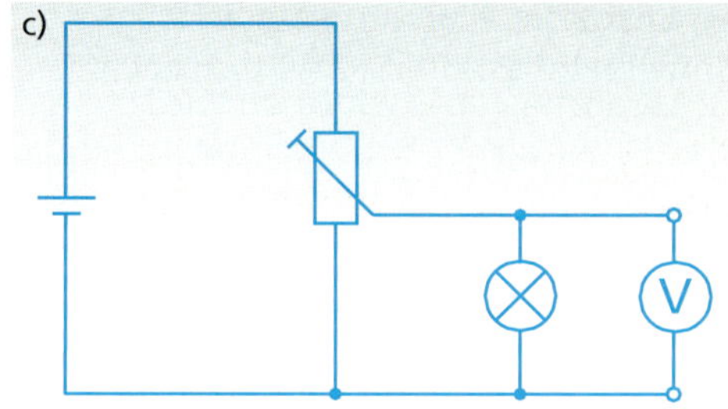


d) Wie groß sind bei der Reihenschaltung und Parallelschaltung von zwei Widerständen
   - der Gesamtwiderstand?
   - die Spannungen an den Widerständen?
   - die Stromstärken zwischen den Widerständen?

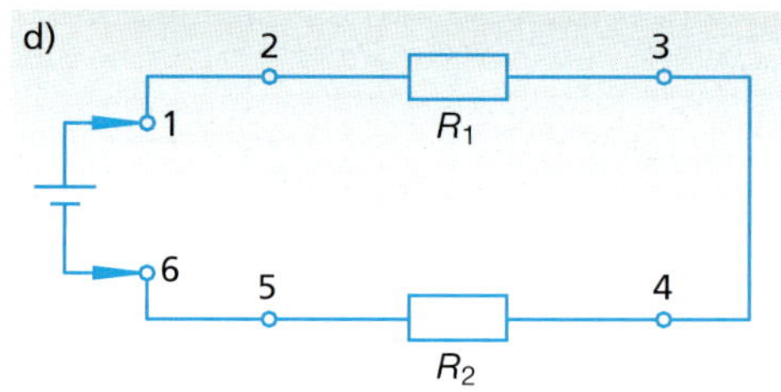


Reihenschaltung von Widerständen

| Widerstand zwischen | | Spannung zwischen | | Stromstärke zwischen | |
|---|---|---|---|---|---|
| Stelle | in Ω | Stelle | in V | Stelle | in mA |
| 1–2 | $R =$ | 1–2 | $U =$ | 1–2 | $I =$ |
| 2–3 | $R_1 =$ | 2–3 | $U_1 =$ | | |
| 3–4 | $R =$ | 3–4 | $U =$ | 3–4 | $I =$ |
| 4–5 | $R_2 =$ | 4–5 | $U_2 =$ | | |
| 5–6 | $R =$ | 5–6 | $U =$ | 5–6 | $I =$ |
| 1–6 | $R_g =$ | 1–6 | $U_g =$ | | |

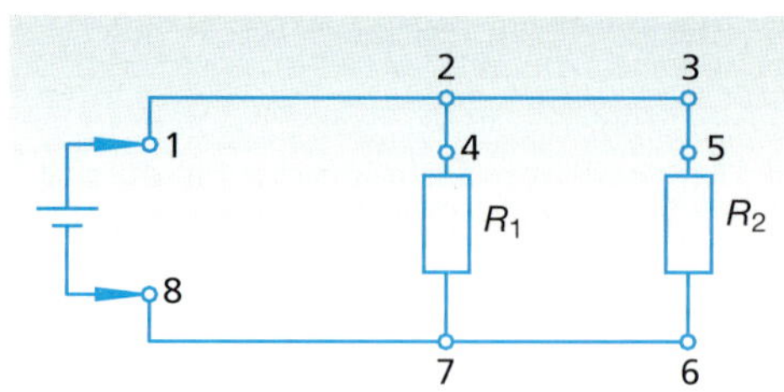


Parallelschaltung von Widerständen

| Widerstand zwischen | | Spannung zwischen | | Stromstärke zwischen | |
|---|---|---|---|---|---|
| Stelle | in Ω | Stelle | in V | Stelle | in mA |
| 1–2 | $R =$ | 1–2 | $U =$ | 1–2 | $I_g =$ |
| 2–4 | $R =$ | 2–4 | $U =$ | 2–4 | $I_1 =$ |
| 4–7 | $R_1 =$ | 4–7 | $U_1 =$ | 2–3 | $I_2 =$ |
| 3–5 | $R =$ | 3–5 | $U =$ | 3–5 | $I_2 =$ |
| 5–6 | $R_2 =$ | 5–6 | $U_2 =$ | 6–7 | $I_2 =$ |
| 1–8 | $R_g =$ | 1–8 | $U_g =$ | 7–8 | $I_g =$ |

### *Versuch 3:*
### *Elektrisches Messen der Temperatur*

*temperaturabhängige Widerstände heißen Thermistoren:*

NTC

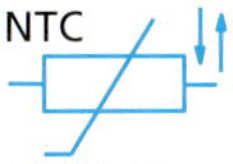

Heißleiter

PTC

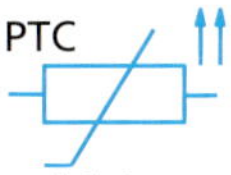

Kaltleiter

Um in technischen Prozessen die Temperatur beeinflussen zu können, muss sie gemessen werden. Ein elektrisches Bauteil zum Messen von Temperaturen ist ein Heiß- oder Kaltleiter ***(Thermistor)***.

Baue eine Schaltung zur Temperaturmessung mit einem temperaturabhängigen Widerstand auf und überprüfe sie auf Funktionstüchtigkeit. Ermittle mithilfe einer aufgenommenen Kennlinie, ob es sich um einen ***Heißleiter*** oder um einen ***Kaltleiter*** handelt.

***Arbeitsmittel:***
Gleichspannungsquelle 5 V; 1 Vielfachmessgerät; 1 Schalter; Zuleitungen; 1 temperaturabhängiger Widerstand; 1 Flüssigkeitsthermometer; Kochplatte mit Kochgefäß (mit Wasser)

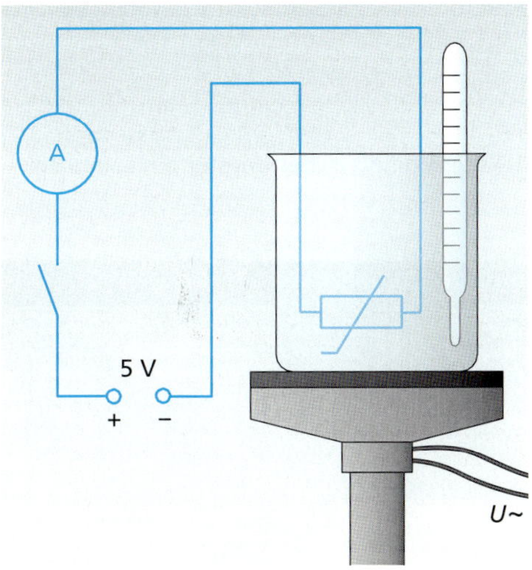


**1** Schaltplan mit Heizung

***Arbeitssicherheit:***
Vorsicht beim Umgang mit elektrischen Heizgeräten!

***Versuchsablauf:***
- Trage den Schaltplan und die Messtabelle in dein Heft ein.
- Baue die Schaltung nach Abb. 1 auf.
- Lege den temperaturabhängigen Widerstand ins wassergefüllte Kochgefäß.
- Protokolliere den Anfangswert der Temperatur im Gefäß in Grad Celsius und den am Messgerät abgelesenen Strom in Ampere. Achte auf den richtigen Messbereich.
- Schalte die Heizung ein.
- Lies bei jeweils 1 K Temperaturerhöhung den Messwert für die Temperatur und den Strom ab. Trage die Werte in deine Messtabelle ein.
- Schalte die Heizung bei etwa 20 K Temperaturerhöhung aus.
- Berechne aus den Messwerten für jede Temperatur den dazugehörenden elektrischen Widerstand in Ohm.
- Fertige ein Diagramm mit der Kennlinie an.

*1 K (Kelvin) Temperaturänderung entspricht 1 °C.*

***Hinweis:*** Die am temperaturabhängigen Widerstand anliegende Gleichspannung *U* beträgt für alle Messungen 5 V.

- Bestimme aus dem Verlauf der Kennlinie, welcher temperaturabhängige Widerstand verwendet wurde.

| Temperatur in °C | Spannung in V | Strom in A | Widerstand in Ω |
|---|---|---|---|
| | 5 | | |
| | 5 | | |
| | 5 | | |
| | 5 | | |
| | 5 | | |
| | 5 | | |

**2** Messtabelle

## Versuche durchführen

### *Versuch 4: Grundschaltungen mit Relais untersuchen*

Untersuche die Wirkungsweise eines Relais und seine Grundschaltungen.

***Arbeitsmittel:***
1 Netzgerät; 1 Relais 1 × UM, große Bauart, z. B. altes Postrelais; 1 EIN-Taster; 1 AUS-Taster, 2 Lämpchen 3,8 V/0,07 A; 2 Fassungen E 10; Experimentierschnüre

***Versuchsablauf:***
Halte dich an die allgemeinen Arbeitshinweise von Seite 12 und die beschriebene Schrittfolge der Experimente.

a) Baue einen Stromkreis mit Relaiskontakten auf, die im Ruhezustand des Relais geschlossen sind. Das Lämpchen soll im Ruhezustand des Relais leuchten. Betätige den Relaisanker mit der Hand.

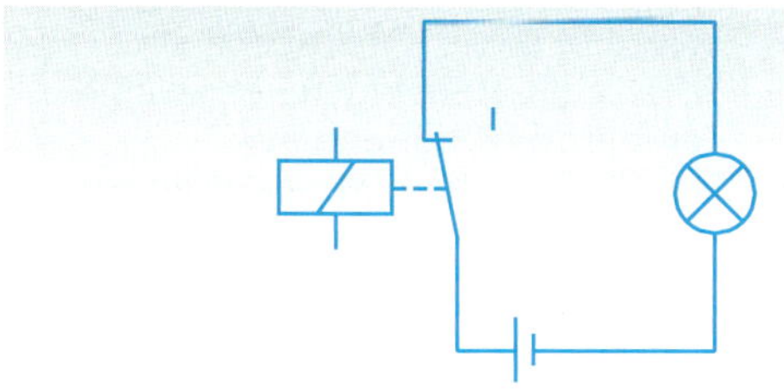

b) Erweitere die Schaltung durch einen zweiten Stromkreis so, dass bei Betätigung des Relais das zweite Lämpchen leuchtet.

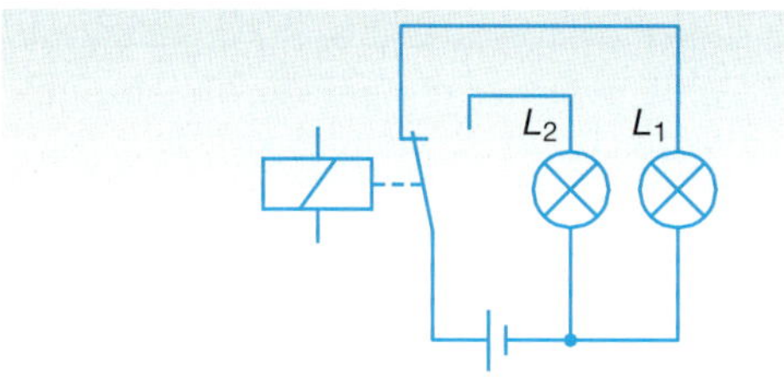


c) Ergänze den Steuerstromkreis.

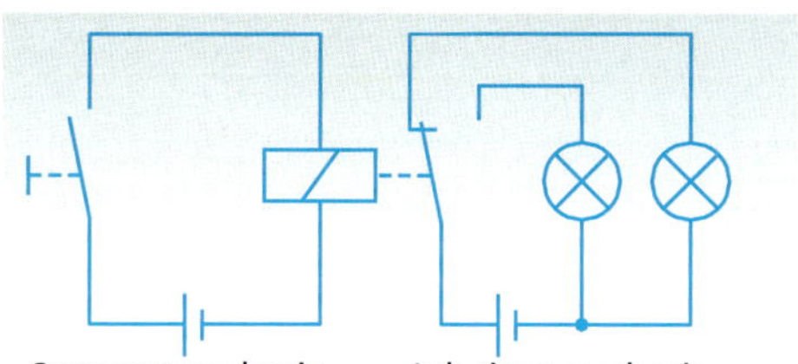

Steuerstromkreis    Arbeitsstromkreis

d) Verändere die Schaltung so, dass ein Summer entsteht. Öffne den Steuerstromkreis und lass den Steuerstrom über das Öffnerkontaktpaar fließen.

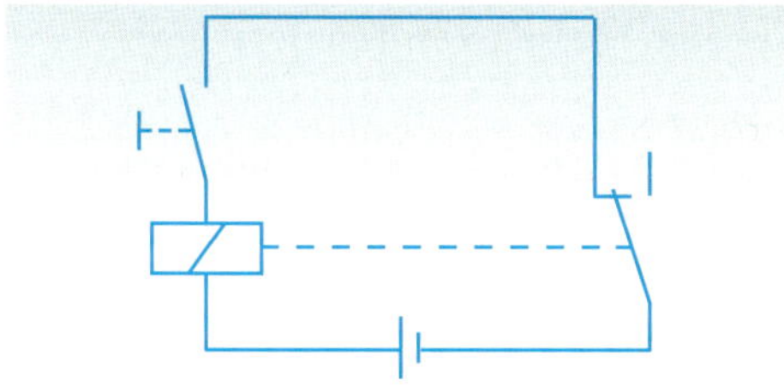

*1* Potentiometerschaltung für ein Lämpchen

*2* Relaisschaltung mit Experimentierbauteilen

### *Versuch 5: Wirkungsweise von Dioden erkunden*

Untersuche, wie sich Dioden und Leuchtdioden im elektrischen Stromkreis verhalten.

***Arbeitsmittel:***
Spannungsquelle mit 5 Volt Gleichspannung und Wechselspannung; 2 Widerstände 180 Ω; 1 LED rot; 1 LED grün; 2 Dioden 1N 4001; 2 Lampen 6 V/0,05 A; 2 Fassungen E 10; Schaltdraht; 1 Experimentierplatte

***Versuchsablauf:***
- Informiere dich im Infoteil über Dioden und Leuchtdioden.
- Baue den Versuch nach dem Schaltplan in Abb. 3a auf.
- Lege Gleichspannung an.
- Vertausche die Polung.
- Lege Wechselspannung an.
- Übertrage den Schaltplan dreimal in dein Arbeitsheft. Zeichne jeweils die angelegte Spannung ein.
- Markiere den Stromverlauf in den drei Schaltplänen mit einem Buntstift und trage die Stromrichtungen mit Pfeilen ein.
- Fasse deine Beobachtungen in Merksätzen zusammen.
- Wiederhole den Versuch mit Leuchtdioden nach Abb. 3b. Beachte, dass die Leuchtdioden schon mit weniger als 5 V überlastet und damit zerstört werden. Bei einer Betriebsspannung von 5 V benötigen sie deshalb einen Vorwiderstand.

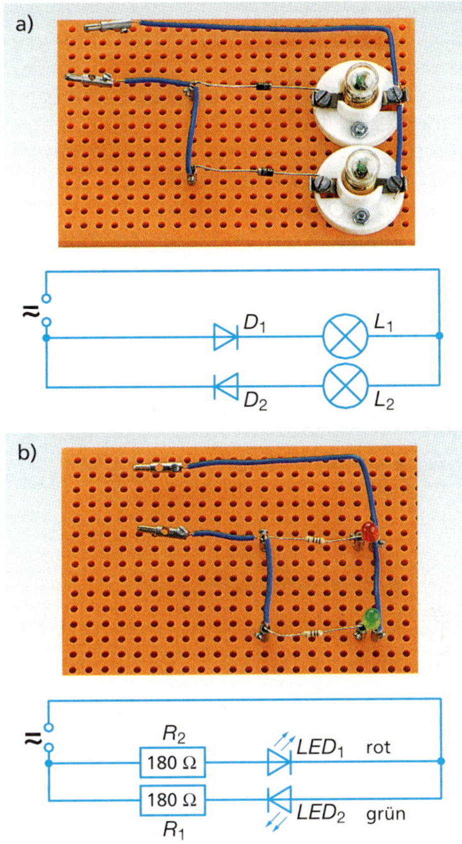


***3*** Versuch und Schaltplan: Dioden und LEDs im Stromkreis

***Erweiterung:***
Du kannst eine Experimentierschaltung aus Spannungsquelle, Vorwiderstand und Leuchtdiode als Durchgangsprüfer verwenden.
Mit einem LED-Durchgangsprüfer können Bauteile mit einem Widerstand bis 10 kΩ (1 Kiloohm = 1000 Ohm) auf Durchgang geprüft werden.
Die Schaltung nach Abb. 3b kann auch zum Prüfen der Pole einer Kleinspannungsquelle verwendet werden.

***4*** Versuch: Durchgangsprüfung

## Versuche durchführen

### *Versuch 6: Bauteile auf Durchgang prüfen*

Ob ein elektrisches Bauteil oder ein Leitungsstück Strom leiten kann, lässt sich feststellen, wenn dieses Bauteil in einen Prüfstromkreis gelegt wird.

Prüfe Bauteile auf Durchgang, um ihre Funktion oder ihre Funktionstüchtigkeit festzustellen.

***Arbeitsmittel:***
LED-Durchgangsprüfer oder Ohmmeter; Prüfgegenstände: z. B. 1 Zuleitungsschnur für ein Elektrogerät; 1 Sicherung; 1 Glühlampe; 1 Kleinrelais (2 × UM); 1 Lötkolben; 1 Bügeleisen

> ***Arbeitssicherheit:***
> Sämtliche Prüfungen auf Durchgang dürfen nur in spannungslosem Zustand des Prüfgegenstandes durchgeführt werden!

***Versuchsablauf:***
Prüfung auf Funktionstüchtigkeit:
- Prüfe mehrere Gegenstände, z. B. Glühlampe, Sicherung, Relais, Lötkolben.

Feststellen von Anschlüssen:
- Versuche bei einem Relais herauszufinden, wo die Spulenanschlüsse und wo die Anschlüsse für die Kontaktzungen liegen.
- Skizziere das Relais und das entsprechende Schaltzeichen. Kennzeichne die Anschlüsse mit Zahlen. Dies könnte z. B. so aussehen:

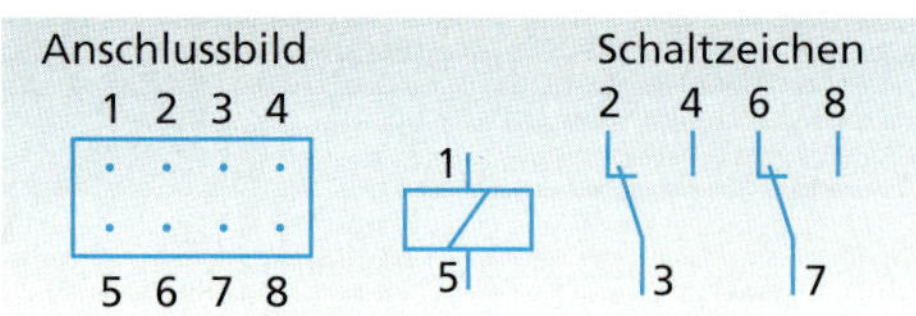


Messprotokoll

| gemessen zwischen | Messergebnis |
|---|---|
| 1 – 5 | 60 Ω |
| 2 – 3 | 0 Ω |
| 3 – 4 | ∞ |
| 6 – 7 | 0 Ω |
| 7 – 8 | ∞ |

***1*** Beispiel für ein Protokollblatt

### *Versuch 7: Wechselschaltung mit Dioden untersuchen*

Mit zwei Wechselschaltern kann eine Lampe von zwei Stellen aus unabhängig voneinander beliebig ein- und ausgeschaltet werden. Die Wechselschalter sind mit zwei Leitungen verbunden. Werden Schalter jeweils mit zwei Dioden verdrahtet, kann auf eine Leitung verzichtet werden.

Baue im Versuch eine Wechselschaltung auf, bei der durch Verwendung von Dioden eine Leitung eingespart wird.

***Arbeitsmittel:***
Wechselspannungsquelle 5 V; 2 Wechselschalter; 1 Lampe 6 V/0,05 A; 1 Fassung E 10; 4 Dioden 1N 4001; Schaltdraht

***Versuchsablauf:***
- Baue die Schaltung nach Abb. 2 auf.
- Übertrage das Schaltbild viermal mit jeweils anderen Schalterstellungen in dein Heft.
- Zeichne mit einem Buntstift den Stromlauf in die Schaltbilder.
- Entferne nach Abb. 3 eine Leitung.
- Ergänze die Schaltung mit je zwei Dioden an den Schaltern so, dass die Wechselschaltung funktioniert.
- Übertrage die Lösung in dein Heft und markiere den Stromlauf.

***2*** Schaltplan für eine Wechselschaltung

***3*** Unvollständige Wechselschaltung mit Dioden

Physik: Transformator

### Versuch 8: Transformator zum Ändern der Spannung und der Stromstärke

In vielen elektrischen Geräten übernehmen Transformatoren die Aufgabe, die anliegende Wechselspannung zu erhöhen oder zu verringern.

Untersuche die Wirkungsweise eines Transformators bei der Verwendung verschiedener Spulenkombinationen für die Spannungs- und Stromstärkeübersetzung.

***Arbeitsmittel:***
Wechselspannungsquelle, z. B. 6 V; 2 Vielfachmessgeräte; Zuleitungen; verschiedene Spulen mit geschlossenem Eisenkern

***Arbeitssicherheit:***
Vorsicht beim Erzeugen der Sekundärspannungen! Es können gefährlich hohe Spannungen entstehen.

***Versuchsablauf a)***
- Übertrage die Schaltung (Abb. 4) und die Messtabelle (Abb. 5) in dein Heft.
- Baue die Schaltung nach Abb. 4 auf.
- Lies die Messwerte an beiden Geräten ab.
- Trage die Messwerte in deine Tabelle ein.
- Verändere die Spulenkombinationen, indem du andere Spulen einsetzt oder sie miteinander vertauschst.
- Berechne aus deinen Messwerten die angegebenen Verhältnisse in Spalte 5 und 6 der Tabelle.
- Vergleiche die Ergebnisse in Spalte 5 mit denen in Spalte 6 und formuliere schriftlich das Ergebnis.

***Versuchsablauf b)***
- Baue die Schaltung nun nach Abb. 6 auf.
- Führe dann die gleichen Arbeitsschritte noch einmal mit Strommessgeräten aus.
- Trage die Messwerte in eine Tabelle (wie Abb. 7) ein.
- Vergleiche wieder die Werte in Spalte 5 und Spalte 6 und formuliere das Ergebnis schriftlich.

*N*: Windungszahl

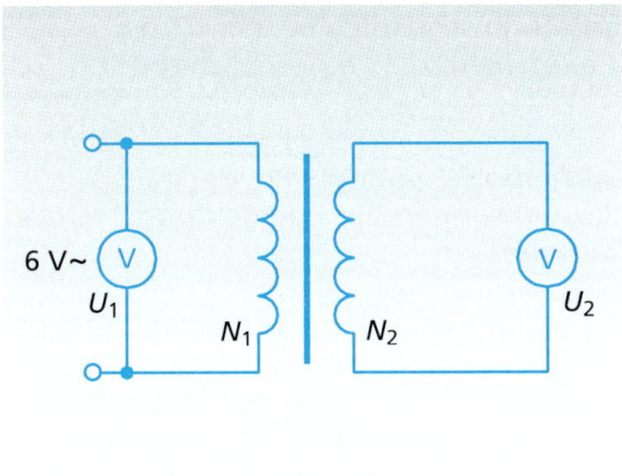


***4*** Spannungsmessung am Transformator

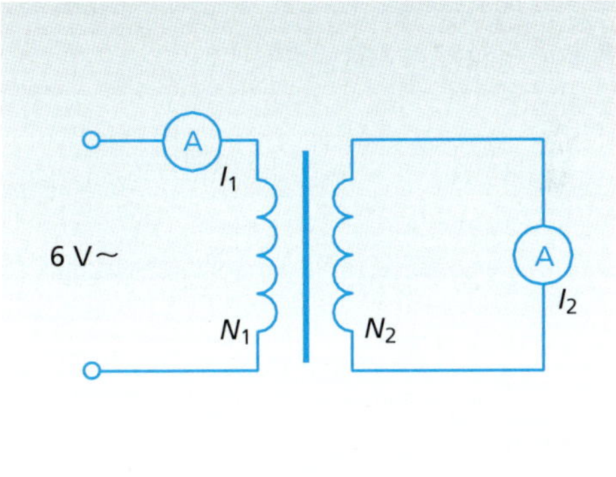


***6*** Strommessung am Transformator

| $N_1$ | $N_2$ | $U_1$ | $U_2$ | $N_1 : N_2$ | $U_1 : U_2$ |
|---|---|---|---|---|---|
| | | | | | |
| | | | | | |
| | | | | | |
| | | | | | |
| | | | | | |

***5*** Messtabelle

| $N_1$ | $N_2$ | $I_1$ | $I_2$ | $N_1 : N_2$ | $I_2 : I_1$ |
|---|---|---|---|---|---|
| | | | | | |
| | | | | | |
| | | | | | |
| | | | | | |
| | | | | | |

***7*** Messtabelle

# Aufgaben zur Elektrotechnik

### *Aufgabe 1: Schaltpläne lesen und erklären*

- Zeichne die Schaltpläne in dein Heft.
- Versuche die Schaltungen bei verschiedenen Schaltzuständen der Schalter zu beschreiben.

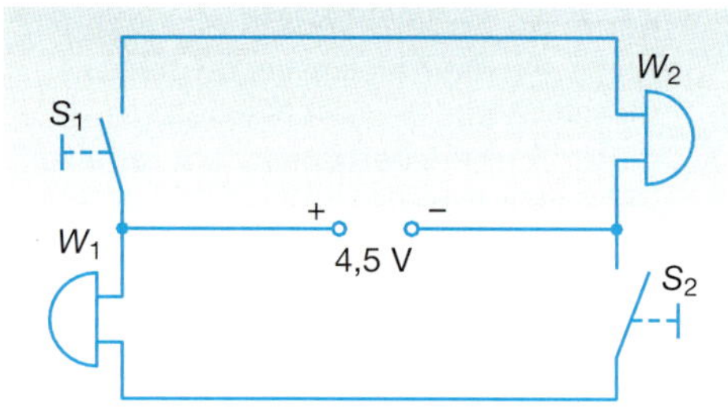


*1* Wechselrufanlage

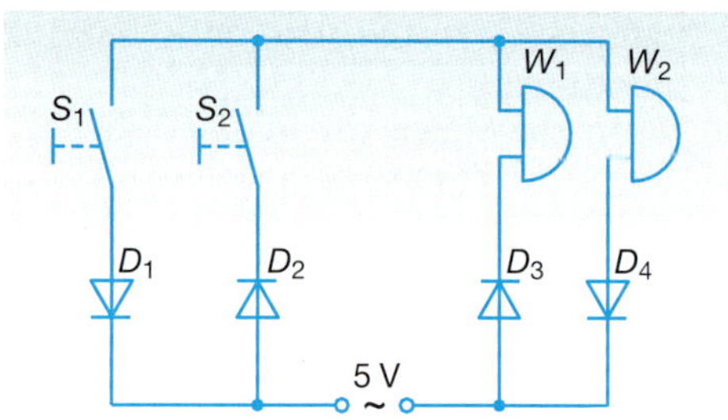


*2* Rufanlage für zwei Signalstellen

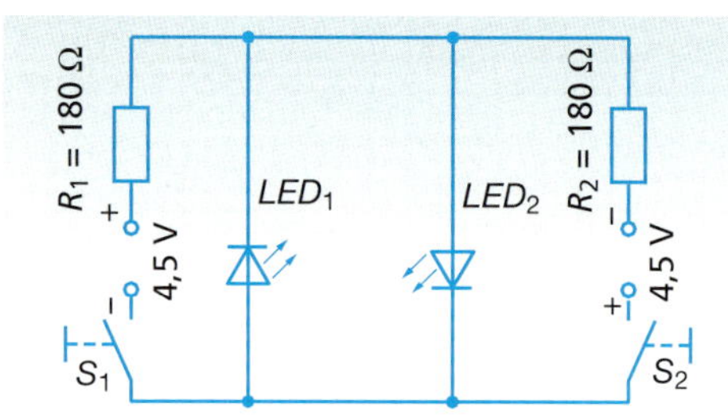


*3* Wechselrufanlage mit LEDs

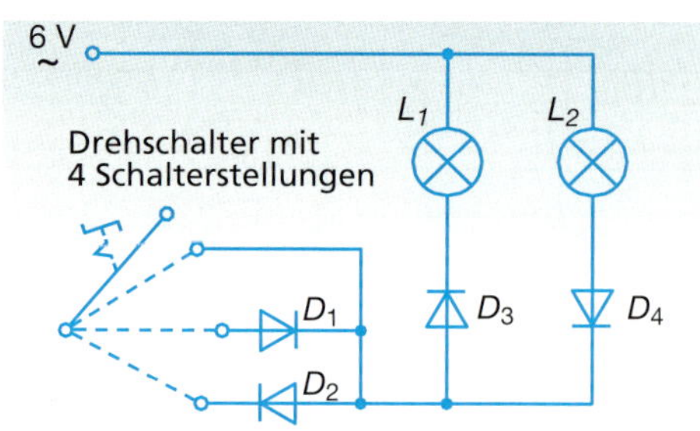


*4* Optische Rufanlage

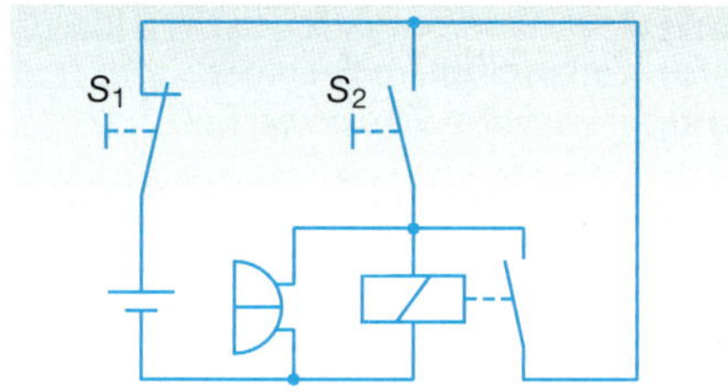


*5* Rufanlage mit Signalspeicher

### *Aufgabe 2: Schaltung entwickeln*

Verändere die Rufanlage in Abb. 5.

- Ersetze das Relais durch einen Thyristor und entwickle eine Schaltung mit der gleichen Funktion wie die Relaisschaltung (siehe Seite 9, Abb. 4). Zeichne die Lösung in dein Arbeitsheft.
- Beschreibe die Vor- und Nachteile der beiden Schaltungen.

### *Aufgabe 3: Fragen zur Elektrotechnik erstellen*

Schreibe zehn Fragen zu den durchgeführten Versuchen auf ein Blatt. Deine Fragen soll ein Mitschüler oder eine Mitschülerin schriftlich beantworten. Beantworte die Fragen auch selbst.

### *Aufgabe 4: Auswirkungen der Beleuchtungstechnik beschreiben*

Lies im Infoteil den Text zur Geschichte der Beleuchtungstechnik. Beschreibe, wie sich die Einführung der Gasbeleuchtung und elektrischen Beleuchtung auf den privaten und öffentlichen Lebensbereich auswirkte (Wohnungen, Sporthallen, Straßen, Arbeitsplätze usw.).

### *Aufgabe 5: Funktions- und Wirkungsweise von Ruftafeln beschreiben*

Lies im Infoteil auf Seite 32 nach, wozu früher Ruftafeln verwendet wurden. Beschreibe ihre Funktions- und Wirkungsweise und versuche, dazu einen Schaltplan zu zeichnen.

***Aufgabe 6:***
***Stromstärke am Analogmessgerät ablesen***

Für die Ableseübung ist ein Vielfachmessgerät auf Gleichstrom eingestellt. Übertrage die Messtabelle in dein Heft.

Lies die Werte an der Skala ab und trage sie in deine Tabelle ein.

***Hinweis:***
Achte jeweils auf die verschiedenen Messbereiche.

***Aufgabe 7:***
***Spannung am Analogmessgerät ablesen***

Für die Ableseübung ist ein Vielfachmessgerät auf Gleichspannung eingestellt.
Übertrage die Messtabelle in dein Heft.

Lies die Werte an der Skala ab und trage sie in deine Tabelle ein.

***Hinweis:***
Achte jeweils auf die verschiedenen Messbereiche.

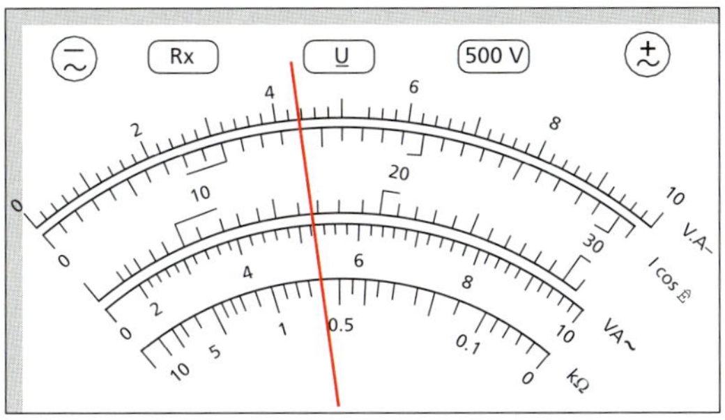


| Messbereich | Messwert |
|---|---|
| 100 mA | |
| 30 mA | |
| 3000 mA | |
| 10 mA | |

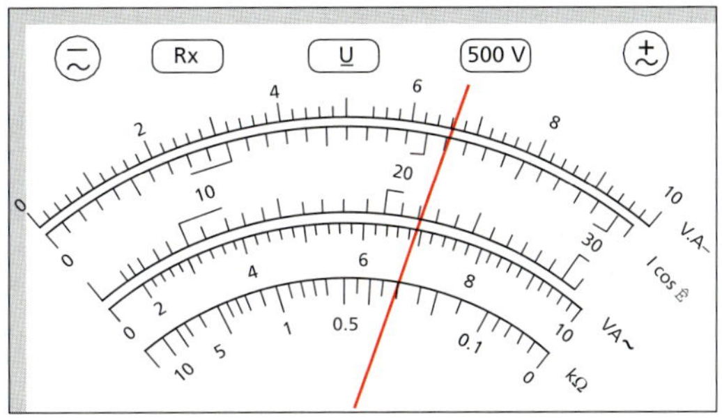


| Messbereich | Messwert |
|---|---|
| 100 V | |
| 30 V | |
| 3 V | |
| 1 V | |

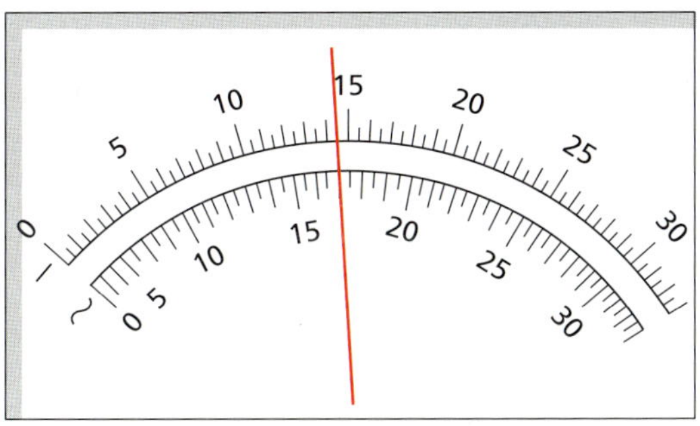

| Messbereich | Messwert |
|---|---|
| 3000 mA | |
| 300 mA | |
| 30 mA | |
| 3 mA | |

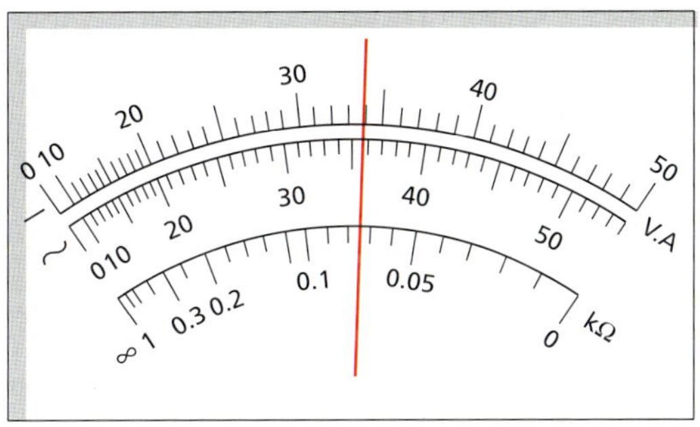


| Messbereich | Messwert |
|---|---|
| 50 V | |
| 500 V | |
| 0,5 V | |
| 5 V | |

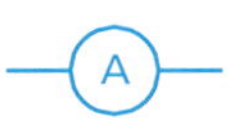
Amperemeter

Messgerät allgemein

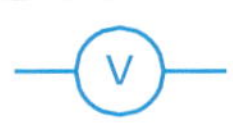
Voltmeter

# Aufgaben zur Elektrotechnik

### *Aufgabe 8:*
### *Funktions- und Wirkungsweise eines elektrotherapeutischen Apparats beschreiben*

Lies im Infoteil nach, wozu früher elektrotherapeutische Apparate verwendet wurden und wie sie funktionierten.

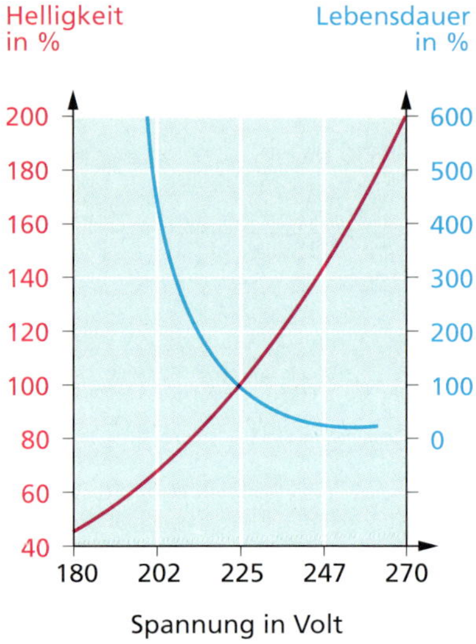


*1* Kennlinien für eine Glühlampe

### *Aufgabe 9:*
### *Funktionsdiagramm erklären*

Die Helligkeit einer Glühlampe bei der angegebenen Spannung (Nennspannung) kann als volle Helligkeit mit 100 % angegeben werden. Erkläre mithilfe des Schaubilds (Abb. 1) den Zusammenhang von Helligkeit, Spannung und Lebensdauer einer Glühlampe.

### *Aufgabe 10:*
### *Wirkungsweise einer automatischen Einrichtung beschreiben*

Lies den Text im Infoteil über automatisch wirkende Schalter. Erkläre anschließend einer Mitschülerin oder einem Mitschüler die Anwendung und die Funktionsweise von mindestens zwei der abgebildeten Schalter.

### *Aufgabe 11:*
### *Widerstand, Spannung und Stromstärke berechnen*

Die Widerstände $R_1$ (Farbringe: braun-rot-rot-silber) und $R_2$ (Farbringe: grün-blau-rot-silber) werden in Reihe und anschließend parallel zueinander geschaltet. Die Spannung 12 V wird angelegt.

- Berechne den Gesamtwiderstand.
- Berechne den Gesamtstrom und die Teilströme.
- Berechne die Teilspannungen.

### *Aufgabe 12:*
### *Widerstand einer Spule berechnen*

Der Widerstand von Kupferdraht lässt sich nach folgender Formel berechnen:

$$R = \frac{0{,}022663 \cdot l}{d^2} \quad (\text{in } \Omega)$$

*l:* Länge in m
*d:* Ø in mm

Berechne den Widerstandswert für eine Spule aus Kupferlackdraht (15 m Länge, Durchmesser 0,3 mm). Führe die Berechnung auch an einer selbst gewickelten Spule oder an einer Spule durch, deren Drahtlänge und Durchmesser dir bekannt sind. Überprüfe anschließend das Rechenergebnis durch Messen mit dem Widerstandsmessgerät.

***Zusatzaufgabe:*** Miss bei einer Spule den Drahtdurchmesser mit dem Messschieber und den Widerstand mit dem Widerstandsmessgerät. Berechne anschließend die Drahtlänge.

### *Aufgabe 13:*
### *Windungszahlen und Spannungswerte berechnen*

a) Es stehen an einer Wechselspannungsquelle 24 V und eine Spule mit 150 Windungen zur Verfügung. Für einen Versuch benötigst du aber 16 V~. Welche Windungszahl müsste eine weitere Spule haben, damit du die benötigte Spannung durch Umformen erhältst?

b) Nenne weitere Spulenkombinationen für diese Spannungsumformung.

c) Es stehen folgende Spulen
Spule 1 – 50 Windungen
Spule 2 – 150 Windungen
Spule 3 – 500 Windungen
und eine Wechselspannungsquelle von 12 V~ zur Verfügung.
Welche verschiedenen Spannungen kannst du erhalten?

### *Aufgabe 14:*
### *Einsatzmöglichkeiten von Thermistoren benennen*

Finde in deinem eigenen Erfahrungsbereich heraus, wo Temperaturen messtechnisch erfasst werden.

***Aufgabe 15:***
***Spulenkombination errechnen***

Zum Elektroschweißen wird eine Stromstärke von 90 A benötigt.
Die Leitung im Haushalt ist jedoch nur mit 16 A abgesichert.
Welche Spulenkombination müsste der Schweißtrafo haben, damit der Strom nicht die Sicherung auslöst?
Gehe beim Berechnen davon aus, dass die elektrischen Leitungen nur zur Hälfte belastet werden.

***Aufgabe 16:***
***Transformator beschreiben***

Woraus bestehen Transformatoren?
In welche Gruppen lassen sie sich einteilen und wofür werden sie verwendet?
Versuche sechs verschiedene Gruppen mit jeweils einem Beispiel zu nennen.

***Aufgabe 17:***
***Elektromotor beschreiben***

Beschreibe den Aufbau und die Wirkungsweise eines zweipoligen Elektromotors, der mit Gleich- oder Wechselspannung betrieben wird.
Nenne Beispiele, wo diese Motoren im täglichen Leben Anwendung finden.

***Aufgabe 18:***
***Generator beschreiben***

Beschreibe den Aufbau und die Wirkungsweise eines zweipoligen Generators. Erkläre dabei den Unterschied zwischen einem Gleich- und einem Wechselspannungsgenerator.
Nenne zu jedem mindestens zwei Anwendungsbeispiele.

***Aufgabe 19:***
***Elektrotechnische Maschinen skizzieren***

Skizziere den technischen Aufbau von Generator, Elektromotor und Transformator mit ihren wichtigsten Teilen und benenne sie.

***Aufgabe 20:***
***Messskala einrichten***

Im Versuch 3 hast du mithilfe eines temperaturabhängigen Widerstands und eines Flüssigkeitsthermometers die Temperatur elektrisch ermittelt.
Fertige anhand der Messwerte eine Skala in °C für das Vielfachmessgerät an.

***Aufgabe 21:***
***Regeln erklären***

Erkläre den Umgang mit Vielfachmessgeräten. Gehe dabei auf den Unterschied zwischen Analog- und Digitalmessgeräten ein.

***Aufgabe 22:***
***Verhaltensweisen im Umgang mit elektrischem Strom und Schutzmaßnahmen kennen***

Sprich über Verhaltensweisen im Umgang mit elektrischem Strom.

Nenne Schutzmaßnahmen vor Berührungsspannungen.
Erkläre ihre Wirkungsweise anhand einer Skizze und gib jeweils zwei Anwendungsbeispiele an.

***Aufgabe 23:***
***Berufe erkunden***

Informiere dich zu wesentlichen Tätigkeiten in ausgewählten Elektroberufen.
In welche Bereiche werden sie unterteilt? Welche besonderen Anforderungen erwartet man von den Auszubildenden in der Elektrotechnik?
Vergleiche den Anteil von Mädchen und Jungen in den Ausbildungsberufen der Elektrotechnik.
Wähle anschließend einen Beruf aus, beschreibe ihn in deinem Heft und trage das Ergebnis der Technikgruppe vor.

# Aufgaben zum technischen Zeichnen

### *Aufgabe 24: Schaltpläne lesen und zeichnen*

Stelle fest, ob die Lampen und Schalter in den Schaltplänen nach Abb. 1a bis 1c in Reihe oder parallel geschaltet sind. Zeichne für jede Schaltung einen Stromlaufplan in aufgelöster Darstellung.

***Arbeitshinweise:***
- Informiere dich zur Reihen- und Parallelschaltung.
- Stelle fest, welche der Abbildungen eine Reihen- oder Parallelschaltung aufweist.
- Schaue dir die Regeln zum Zeichnen von Stromlaufplänen in aufgelöster Darstellung an.
- Zeichne jeweils den Stromlaufplan.
- Lass deine Darstellungen überprüfen.

### *Aufgabe 25: Stromlaufpläne lesen und umsetzen*

Stelle mithilfe der Stromlaufpläne in Abb. 2 fest, welche Bauteile dargestellt sind und wie die einzelnen Schaltungen funktionieren. Zeichne jeweils den entsprechenden Schaltplan als geschlossenen Stromkreis.

***Arbeitshinweise:***
- Informiere dich zur Benennung und Bedeutung von Schaltzeichen sowie zum Stromlaufplan in aufgelöster und geschlossener Darstellung.
- Beachte die Strompfade und Stromverzweigungen.
- Zeichne jeweils den Stromlaufplan und den Schaltplan in Form eines geschlossenen Stromkreises in dein Heft.
- Erkläre jeweils die Schaltung jemand anderem, um dein Wissen zu überprüfen.

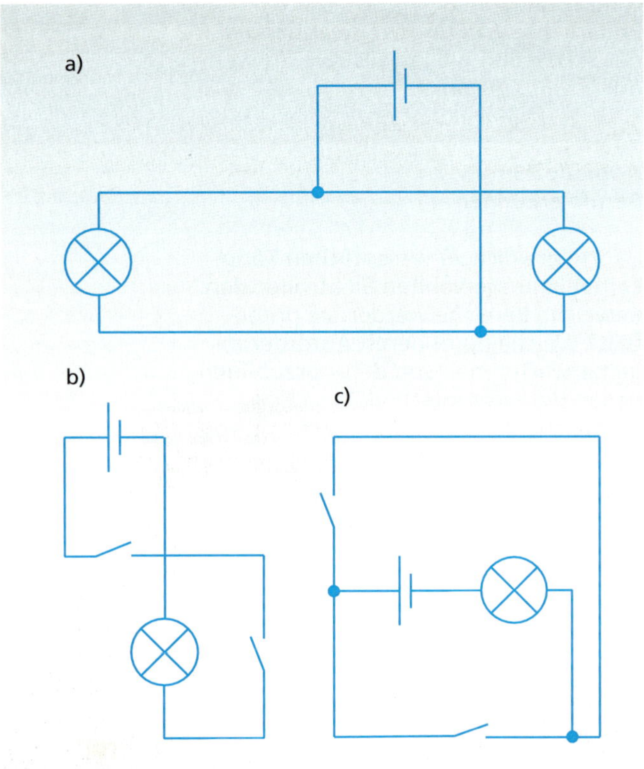


*1* Ungeschickt dargestellte Schaltpläne

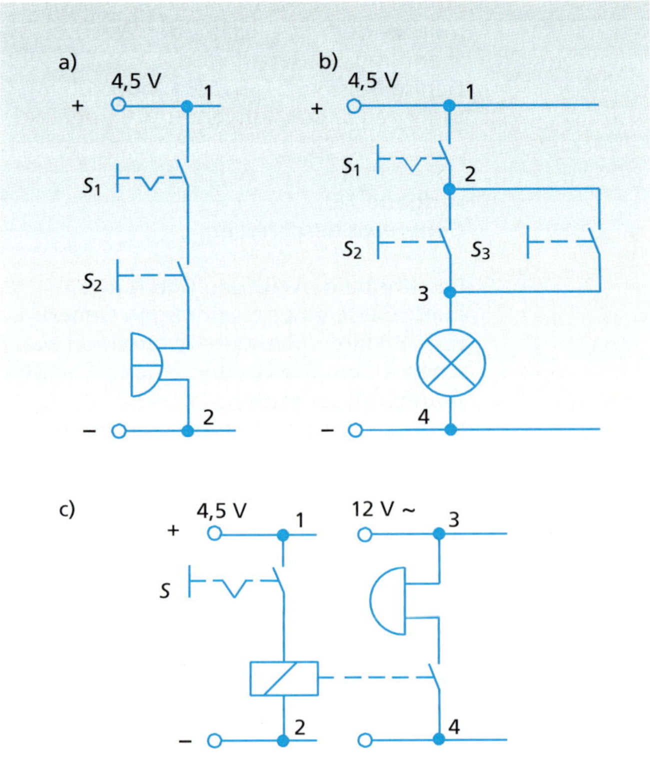


*2* Stromlaufpläne in aufgelöster Darstellung

### *Aufgabe 26:*
### *Einen Verdrahtungsplan für eine Wechselschaltung zeichnen*

Erstelle mithilfe des Stromlaufplans nach Abb. 5 den Verdrahtungsplan für eine Wechselschaltung, die auf einem Grundbrett 120 × 120 mm aufgebaut werden soll.

***Arbeitshinweise:***
- Informiere dich zur Wirkungsweise einer Wechselschaltung.
- Überprüfe dein Wissen, indem du diese Schaltung jemand anderem mithilfe von Abb. 5 erklärst.
- Informiere dich zur Darstellung und Fertigung eines Verdrahtungsplans.
- Informiere dich über die Bauteilmaße (Bauteile ausmessen oder Maße Katalogen entnehmen).
- Skizziere zunächst den Verdrahtungsplan Schritt für Schritt.
- Überprüfe ihn durch Vergleich mit dem Stromlaufplan sowie mit einer Checkliste ähnlich Abb. 2, Seite 51.
- Zeichne den Verdrahtungsplan. Verwende dabei die bildhafte Darstellung der Bauteile nach Abb. 3 und orientiere dich an ihrer Anordnung auf dem Grundbrett.

### *Aufgabe 27:*
### *Einen Verdrahtungsplan für eine Wechselrufanlage zeichnen*

Erstelle mithilfe des Schaltplans nach Seite 20, Abb. 1, den Verdrahtungsplan für diese Wechselrufanlage, die in zwei Modellräumen (Abb. 4) installiert werden soll.

***Arbeitshinweise:***
- Überlege, wie die Wechselrufanlage funktioniert. Skizziere dazu den Stromlaufplan in aufgelöster Darstellung.
- Zeichne den Grundriss nach Abb. 4 im Maßstab 1:10 und nutze ihn für deinen Verdrahtungsplan.
- Arbeite weiter wie bei Aufgabe 26.

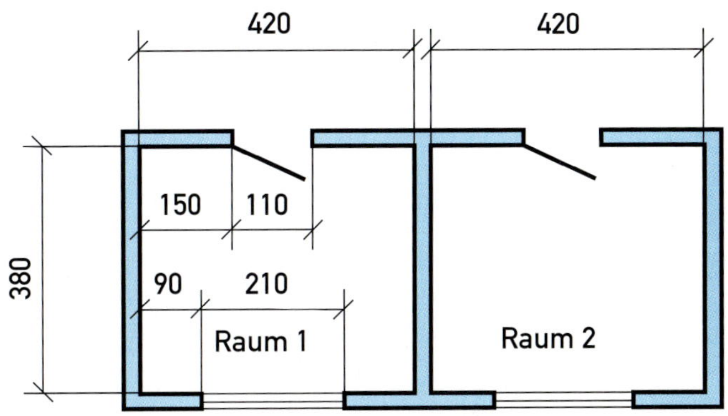


***4*** Modellräume für eine Wechselrufanlage (alle Maße in cm)

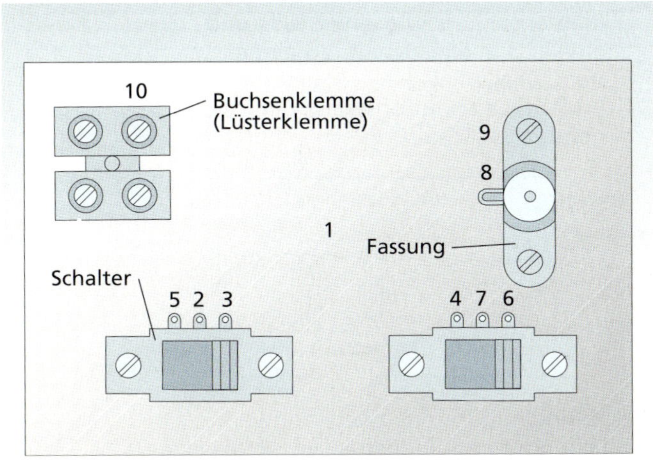


***3*** Grundbrett mit Bauteilen

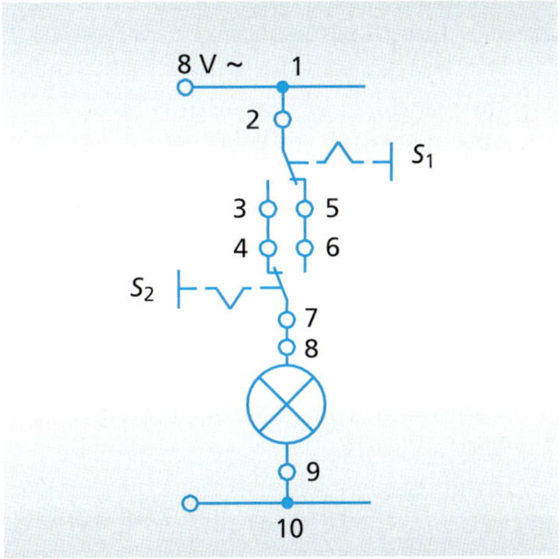


***5*** Stromlaufplan für eine Wechselschaltung

## *Überprüfe dein Wissen*

Bearbeite die folgenden Aufgaben und mache dir dazu Notizen. Du kannst das Themenheft zu Hilfe nehmen.

***1*** Nenne Gründe, weshalb du dich mit dem Thema „Nutzung des elektrischen Stroms" befassen sollst.

***2*** Beschreibe Arbeitsschritte von der Idee bis zur fertigen elektrotechnischen Anlage, z. B. von einer Alarmanlage.

***3*** Wie gehst du vor, um zu überprüfen, ob eine Schaltung mit dem Stromlaufplan übereinstimmt?

***4*** Erstelle Regeln, wie eine „Brettschaltung" einwandfrei aufgebaut wird.

***5*** Was versteht man in der Elektrotechnik unter „Masse"?

***6*** Nenne Regeln, die von dir beim Umgang mit Strom beachtet werden müssen.

***7*** Wie kannst du feststellen, ob eine Spannungsquelle Gleichstrom oder Wechselstrom liefert?

***8*** Wie werden Batterien geschaltet, um die Spannung zu erhöhen? Formuliere die Antwort und skizziere die Schaltung.

***9*** Wie kann eine Wechselspannung in eine Gleichspannung umgeformt werden? Zeichne den Schaltplan.

***10*** Aus welchen Bauteilen kann ein Polprüfer aufgebaut werden? Zeichne die Schaltung und erkläre sie.

***11*** Welche Aufgaben können Kondensatoren übernehmen?

***12*** Wodurch unterscheiden sich Tast- von Stellschaltern? Nenne jeweils drei Anwendungsbeispiele.

***13*** Welchen Wirkungsgrad haben Glühlampen und welchen haben Leuchtstoffröhren?

***14*** Weshalb wird bei einer Glühlampe der Wolframdraht doppelt gewendelt und mit einem Argon-Stickstoff-Gemisch gefüllt?

***15*** Weshalb leuchten bei gleicher Betriebsspannung zwei in Reihe geschaltete Lampen nicht so hell wie zwei parallel zueinander geschaltete Lampen?

***16*** Bei einer Party-Lichterkette erlöschen alle Lampen, wenn eine Lampe herausgeschraubt wird. Woran liegt das?

***17*** Zeichne eine Schaltung, mit der ein Lämpchen stufenlos hell und dunkel geschaltet werden kann.

***18*** Wozu können Nockenschalter, Bimetallschalter, Druckwächter und Reedkontakt-Schalter verwendet werden? Nenne je ein Beispiel.

***19*** Zeichne eine Polwendeschaltung zum Umpolen eines Gleichstrommotors.

***20*** Zeichne eine Wechselrufanlage mit möglichst wenig Leitungen.

***21*** Nenne wichtige Regeln beim Messen mit einem Vielfachmessgerät.

***22*** Wie groß ist der Ω-Wert der abgebildeten Widerstände?

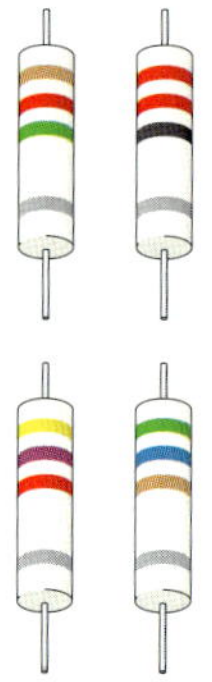

***23*** Wie werden bei einer Reihenschaltung von zwei Widerständen die Stromstärken, Spannungen und Widerstandswerte gemessen? Zeichne und erkläre.

***24*** Zwei verschieden große Widerstände werden in Reihe geschaltet. An welchem Widerstand liegt die höhere Teilspannung?

***25*** Zwei verschieden große Widerstände werden parallel geschaltet. Durch welchen Widerstand fließt der größere Strom?

***26*** Berechne den Gesamtwiderstand von nebenstehender Abbildung.

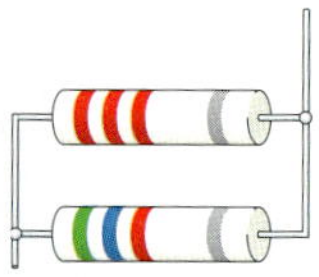

***27*** Berechne den Vorwiderstand für eine LED (Durchlassspannung 1,8 V; Durchlassstrom 20 mA) bei einer Betriebsspannung von 12 V.

***28*** Für welchen Zweck können Heißleiter verwendet werden?

***29*** Welchen Stromkreis bezeichnet man bei einer Relaisschaltung als Steuerstromkreis und welchen als Arbeitsstromkreis?

***30*** An welchen Kennzeichnungen kann man erkennen, wie eine Diode und eine LED in eine Schaltung eingebaut werden muss?

***31*** Erkläre die Funktionsweise der abgebildeten Schaltung.

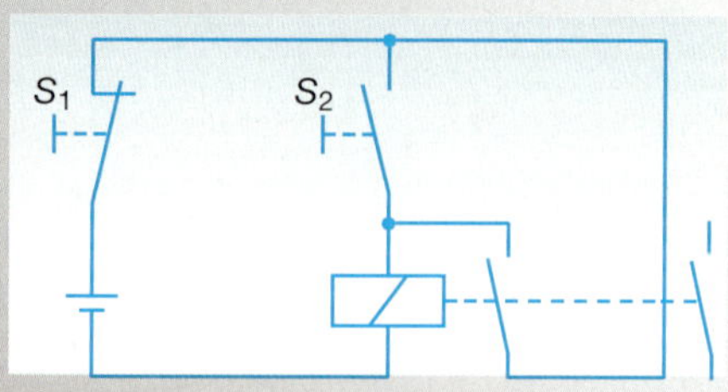


***32*** Nenne mindestens zwei handwerkliche und zwei industrielle Elektrotechnik-Lehrberufe.

Am Anfang stehen viele Fragen: Um Antworten für die Lösung von Problemen zu finden, muss man sich vieler unterschiedlicher Informationsquellen bedienen.

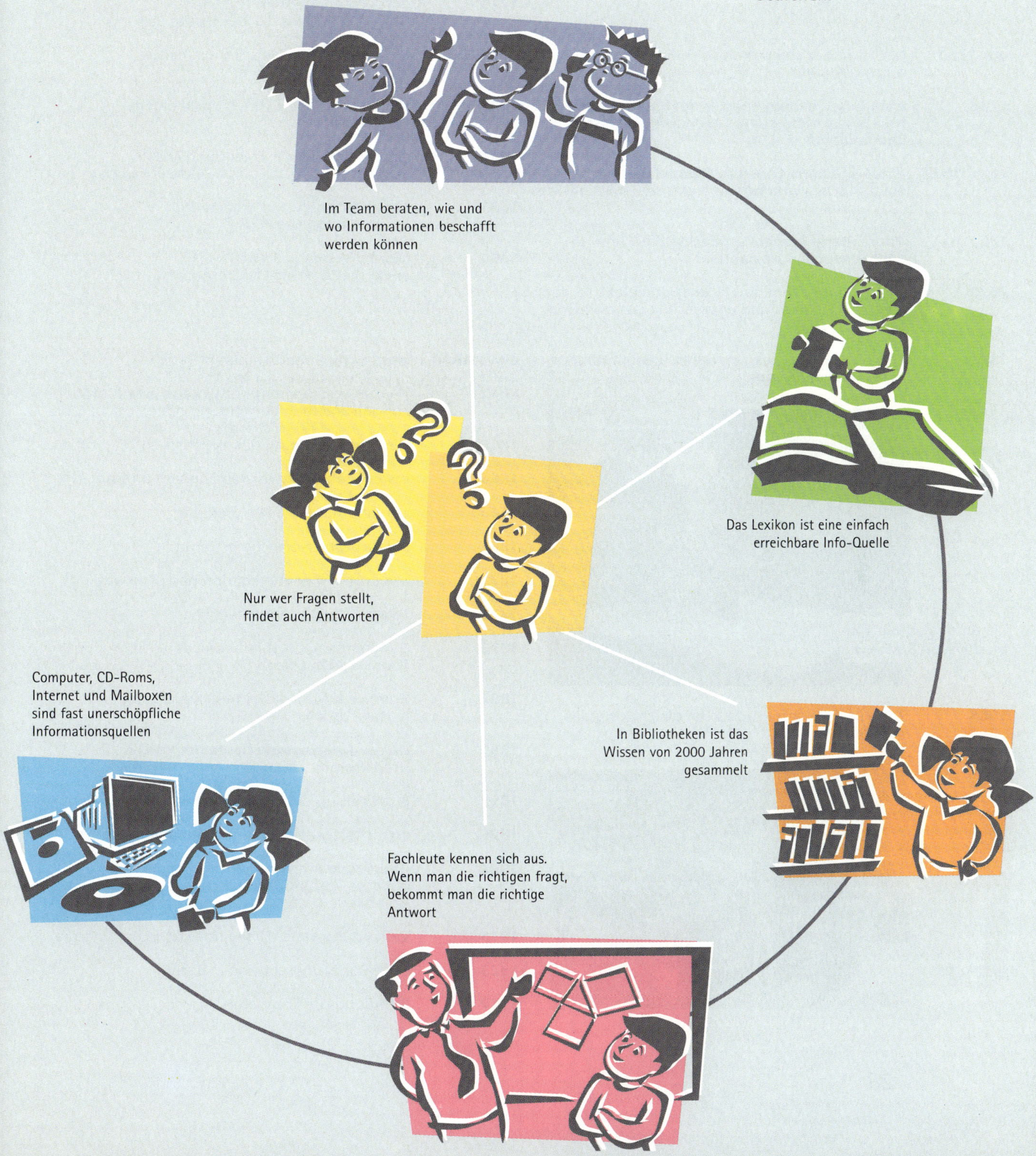

## *Zeittafel zur Elektrifizierung*

| Zeit | Wichtige Gesetze der Elektrotechnik |
|---|---|
| **Antike** | erste Beobachtungen des Magnetismus |
| **um 1600** | erste elektrische Versuche von ***William Gilbert*** (er erkannte den Unterschied zwischen elektrischer und magnetischer Anziehung) |
| **um 1750** | Nachweis der Elektrizität in Gewitterwolken durch ***d'Alibard*** |
| **1766** | erste Gesetzmäßigkeiten in der Reibungselektrizität durch ***Priestley***, ***Cavendish***, ***Robinson*** und ***Coulomb*** |
| **etwa 1812** | entdeckte ***Hans Christian Oersted*** die magnetische Wirkung des elektrischen Stroms |
| **1820** | ***André Marie Ampère*** entdeckte die Wirkung der Strompole aufeinander |
| **1826** | ***Georg Simon Ohm*** untersuchte den elektrischen Widerstand und entwickelte das ohmsche Gesetz |
| **1831** | Entdeckung der elektromagnetischen Induktion durch ***Michael Faraday*** |

Dynamomaschine von ***Werner von Siemens***

| Zeit | Wichtige Gesetze der Elektrotechnik |
|---|---|
| **1885** | ***Tesla*** und ***Ferraris*** entdeckten gleichzeitig das magnetische Drehfeld des Wechselstroms |

Erstes Kraftwerk in New York

| Zeit | technische Umsetzung |
|---|---|
| **um 1660** | entwickelte ***Otto von Guericke*** eine Elektrisiermaschine |
| **1729** | entdeckten ***Stephen Gray*** und ***Granville Wheler*** die elektrische Leitung |
| **um 1790** | Entwicklung galvanischer Elemente durch ***Alessandro Volta*** |
| **1825** | ***William Sturgeon*** konstruierte einen Elektromagneten |
| **1831** | erster Apparat zur Erzeugung des elektrischen Stroms durch ***Michael Faraday*** |
| **1831** | handbetriebener Stromerzeuger durch ***Hippolythe Pixii*** |
| **1834** | ***Moritz Hermann Jacobi*** entwickelte einen Elektromotor |
| **etwa 1840** | elektrische Bogenlampen in Paris |
| **1842** | ***Werner von Siemens*** entwickelte eine Methode zur galvanischen Vergoldung oder Versilberung |
| **1846** | Weiterentwicklung der elektrischen Telegrafie |
| **1866** | erstes Seekabel zwischen England und Amerika |
| **1866** | Dynamomaschine von ***Siemens*** |
| **1867** | Beleuchtungsversuche in Berlin |
| **1871** | Telegrafenlinie von London nach Kalkutta |
| **1876** | Telefon von ***Graham Bell*** |
| **1879** | Glühlampe mit Kohlefaden von ***Thomas Alva Edison*** |
| **1882** | Kraftwerk für elektrische Beleuchtung in New York |
| **1889** | ***Dolivo-Dobrowolski*** baute den ersten Drehstrommotor |
| **1893** | Entwicklung der Fotozelle |
| **1896** | erster Telegrafiesender der Welt von ***Popow*** |
| **1901** | ***Giuglielmo Marconi*** gelang die funktelegrafische Verbindung zwischen Europa und Amerika |
| **1915** | Versorgung vieler Orte mit elektrischer Energie |
| **1923** | erste Rundfunksendung in Berlin |
| **1947** | Erfindung des Transistors |

# Wirkungen des elektrischen Stroms

Als vor rund 200 Jahren die chemische Wirkung des elektrischen Stroms untersucht wurde, wussten die Forscher noch nichts von den Elektronen. Aus den Beobachtungen, dass sich beim Durchgang des Stroms durch Salzlösungen die Metalle immer an den negativen Elektroden ablagerten, schlossen sie, dass der elektrische Strom vom Pluspol zum Minuspol fließt. Diese Stromrichtung hat man aus praktischen Gründen bis heute beibehalten, auch als man herausfand, dass sich in Drähten Elektronen in entgegengesetzter Richtung bewegen.

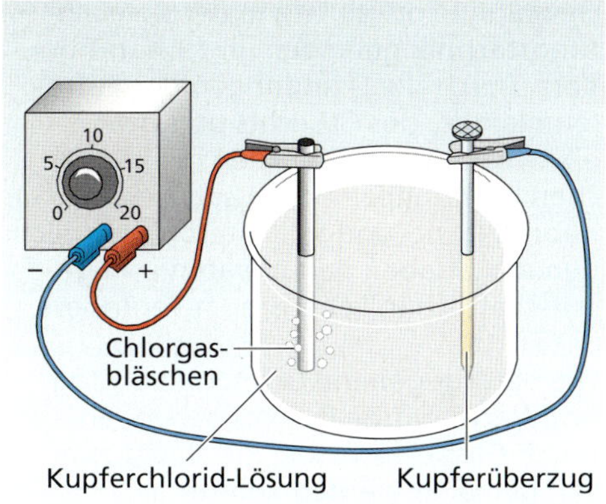


*2* Versuch zur chemischen Wirkung des elektrischen Stroms: Elektrolyse von Kupferchlorid

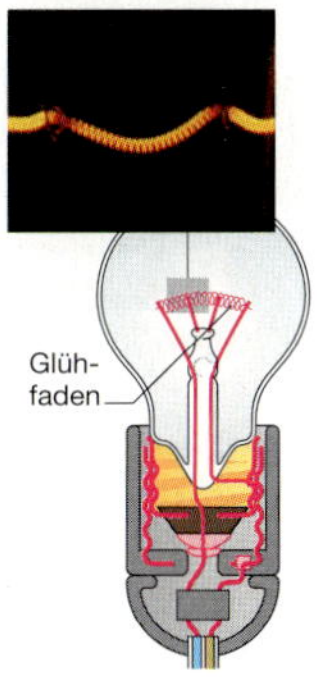


### *Wärme- und Lichtwirkung*
Fließt ein zunehmender Strom durch einen Draht, wird dieser zunächst heiß, dann rotglühend und schließlich hell gelbglühend. Zuletzt brennt er durch. In elektrischen Heizgeräten und Glühlampen verwendet man Draht aus einem Material, das schnell heiß wird und bei dieser Temperatur nicht schmilzt. Die Glaskolben der Lampen sind mit einem sauerstofffreien Gas gefüllt, damit der Draht nicht durchbrennt.

### *Chemische Wirkung*
Eisen rostet an der Luft und im Wasser. Um das zu verhindern, überzieht man es mit nicht rostenden Materialien wie Kupfer, Chrom, Zink, Nickel, Silber oder Gold. Diese Technik heißt ***Galvanisieren.***

Abb. 2 zeigt den Vorgang des Galvanisierens. Dabei wird das gelöste Kupferchlorid in seine Bestandteile Kupfer und Chlor zerlegt und an den Elektroden abgeschieden. So gelangt das Kupfer als sehr dünne Schicht an den Eisennagel.
Auch das Speichern von elektrischer Energie in Batterien ist durch die chemische Wirkung möglich.

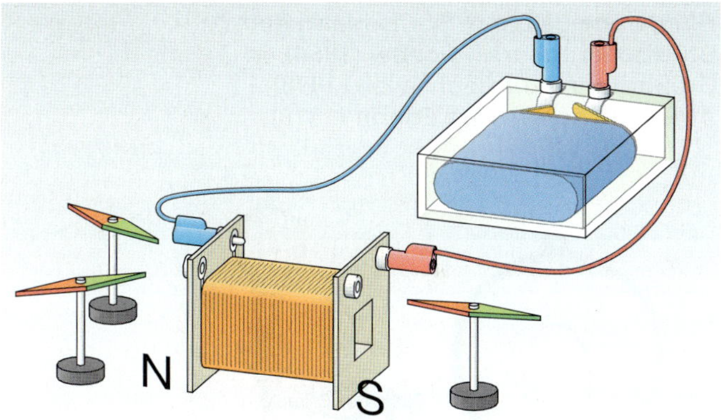


*1* Der elektrische Strom macht aus einer Drahtspule einen Magneten mit Nord- und Südpol

### *Magnetische Kraftwirkung*
Ein Strom führender Draht hat um sich herum ein Magnetfeld. Wickelt man ihn zu einer Spule, dann entsteht ein Elektromagnet. Ein Eisenkern verstärkt die Magnetkraft erheblich.
Diese Magnetwirkung des elektrischen Stroms findet nicht nur Anwendung bei Elektromagneten, sondern auch für Elektromotoren oder Schreib-und Leseköpfe bei Massenspeichern (Diskette, ...).

*3* In einem Galvanisierbetrieb werden Radkappen vor dem Verchromen verkupfert

## *Aus der Geschichte der elektrischen Beleuchtung*

Gewaltige Fortschritte in der Beleuchtungstechnik gelangen im 19. Jahrhundert. Durch die Erfindungen der Petroleumlampe, des Gaslichts und des elektrischen Lichts wurden die künstlichen Lichtquellen heller und sicherer. Sie haben Nacht- und Schichtarbeit möglich gemacht, haben den privaten und gesellschaftlichen Lebensraum verändert.

Die naturgegebene Ordnung von Tag und Nacht wurde durchbrochen, als durch Gasbeleuchtung die Nacht zum Tag gemacht werden konnte.
Um die Jahrhundertwende war fast jede größere Stadt in Deutschland mit einer „Gasanstalt" versehen. Das Gas wurde bei der Koksproduktion durch Entgasung von Steinkohle gewonnen und zur Beleuchtung von Straßen und Wohnräumen und zum Kochen verwendet.

***Gaslicht*** mit einem ***Glühstrumpf*** war sehr hell. Der Glühstrumpf bestand aus einem Baumwollgewebe, das mit einer Metall-Lösung imprägniert war und deshalb nicht verbrannte. Gasglühstrümpfe werden heute noch bei Camping-Gasleuchten verwendet.

*1* Werbeplakat für Gaslicht (1900)

Ab 1844 konnten mit einem elektrischen Lichtbogen zwischen zwei Graphitstäben große Plätze taghell beleuchtet werden. Wie mag dieses Licht der ***Bogenlampe*** die Begeisterung der Menschen entfacht haben? Trotz der Vorteile des elektrischen Lichts gegenüber dem Gaslicht setzte es sich nur langsam durch, da alle Voraussetzungen fehlten: Elektrizitätswerke, Leitungen und preiswerte, gut funktionierende elektrische Beleuchtungsmittel.

Für die Raumbeleuchtung privater Haushalte kamen nämlich Lichtbogenlampen nicht infrage, da das Licht zu grell, der technische Aufwand für die Stromerzeugung zu kostspielig und das „offene" Licht zu gefährlich war.

*2* Bogenlicht

Bei der Suche nach einem elektrischen Glühlicht stellte sich heraus, dass glühende Fäden in einem luftleer gepumpten Glaskörper längere Zeit leuchteten. Als Erfinder einer brauchbaren ***Glühlampe*** gelten in Deutschland der Uhrmacher Heinrich Goebel (1854), in Großbritannien Joseph Swan (1878), in Amerika Thomas Alva Edison (1879).

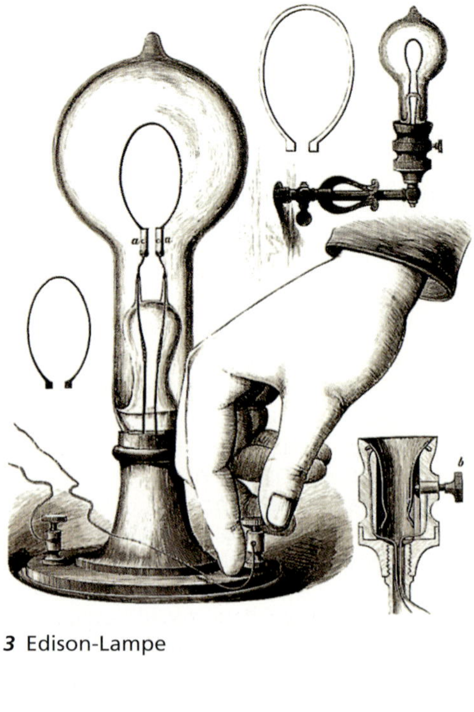

*3* Edison-Lampe

Unter allen Erfindern war ***Edison*** (1847 – 1931) am erfolgreichsten. In seiner „Erfinderfabrik" wurden etwa 6000 Materialien für Glühfäden erprobt, z. B. Fäden aus Metallen, Holz, Seide, Flachs und Haare. Am geeignetsten waren verkohlte Bambusfasern, die schon Goebel benutzt hatte. Glühlampen mit diesen ***Kohlefäden*** wurden in Serienproduktion hergestellt.

Die Edison-Gesellschaft entwickelte nicht nur Glühlampen, sondern sämtliche Einrichtungen vom Stromerzeuger bis zu Leitungsdrähten, Schaltern, Fassungen, Verteilern, Zählern, Sicherungen, Isolatoren. Außerdem wurden die Patentrechte weltweit gut vermarktet.

***Kohlefadenlampen*** sandten ein gelbrotes Licht aus und hatten eine durchschnittliche Leuchtdauer von 500 Stunden. Sie hatten den großen Nachteil, dass nur 2 % der aufgewandten elektrischen Energie in Licht umgesetzt wurde. Außerdem konnte die Helligkeit des Kohlefadens nicht gesteigert werden, da dies die Lebensdauer der Glühlampe erheblich verkürzt hätte. Kohlefadenlampen sind deshalb heute nicht mehr gebräuchlich, aber von der Edison-Lampe wird bis auf den heutigen Tag das ***Elektro-Schraubgewinde*** verwendet. Sie würde in heutige Schraubfassungen passen.

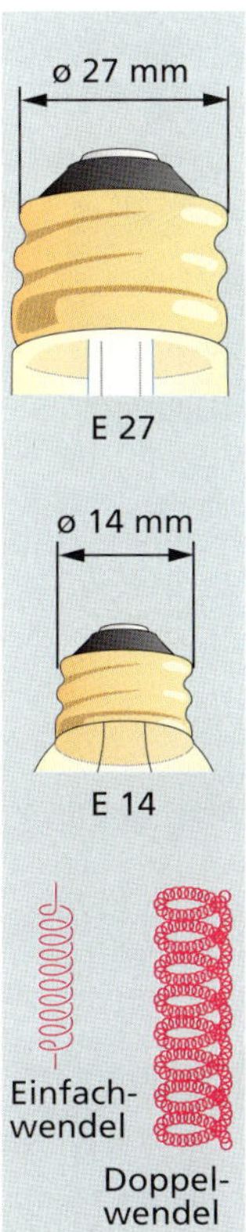


***4*** Elektro-Schraubgewinde und Glühdraht

Fast 50 Jahre dauerte die Entwicklung bis zur heute gebräuchlichen ***Glühlampe*** aus doppelt gewendeltem ***Wolframdraht*** und einer Füllung aus Stickstoff und Argon. Der Wolframdraht kann mit dieser Füllung bis 2500 °C erhitzt werden. Durch die Doppelwendel erhöht sich die Lichtausbeute im Vergleich zur Einfachwendel und durch die Gasfüllung wird das Abdampfen des heißen Glühdrahtes vermindert. Die Leuchtdauer liegt bei 1000 Stunden. Trotz der langen Entwicklung der Glühlampe hat sie den schlechtesten Wirkungsgrad aller elektrischen Geräte. Nur 5 % der zugeführten Energie werden in Licht, 95 % werden in Wärme umgewandelt.

Seit 1960 sind ***Halogenlampen*** auf dem Markt. Durch Füllung mit den Halogen-Gasen Jod oder Brom kommt es zwischen dem abgedampften Wolfram und dem Halogen zu einer chemischen Reaktion, bei der der Wolframdampf sich wieder am Glühdraht niederschlägt. Die Glühtemperatur des Wolframdrahtes kann dadurch bis auf 3000 °C erhöht werden. Daraus ergibt sich eine Verdoppelung der Lichtausbeute.

***Leuchtstoffröhren*** sind weiterentwickelte Bogenlampen, die innen mit einer Leuchtschicht versehen sind. Ihre Lichtausbeute ist je nach Lichtfarbe 3- bis 6-mal höher als bei Glühlampen mit der gleichen Wattzahl und sie haben eine 5- bis 8-mal größere Lebensdauer als Glühlampen.

***Energiesparlampen*** funktionieren wie Leuchtstoffröhren. Leider haben beide den Nachteil, dass sie giftige Stoffe enthalten und deshalb zum Sondermüll gehören, wenn sie defekt sind.

*Eine elektrische Leuchte ist eine Vorrichtung, die eine elektrische Lichtquelle, z. B. eine Glühlampe, aufnimmt.*

***5*** Reklameschriften mit Leuchtstoffröhren

## *Aus der Geschichte der elektrischen Hausinstallationstechnik*

### *Ruftafeln*

Elektrische Klingel-, Türöffner- und Ruftafelanlagen verbreiteten sich vor mehr als 100 Jahren bei der Hausinstallation.

Ruftafelanlagen wurden für die Dienerschaft in herrschaftlichen Gebäuden und Hotels, für Arztpraxen und in Krankenhäusern installiert. Sie bestanden aus einer Klingelanlage und einem Anzeigefeld mit mehreren Klappen.

Bei Knopfdruck in einem Zimmer ertönte die Glocke bei der Ruftafel und eine Klappe wurde durch einen Elektromagneten bewegt. Die Klappe zeigte das Zimmer an, aus dem die Glocke betätigt wurde. Nach Empfang der Information wurde die Klappe mechanisch oder durch einen zweiten Elektromagneten zurückgestellt.

Die Leitungsdrähte der Spulen waren nicht wie heute mit einer Lackschicht isoliert. Die Isolation wurde durch Baumwollfäden erreicht, die um die Drähte eng aneinander gewickelt waren.

Die elektrische Spannung wurde durch Braunstein-Elemente bereitgestellt. Diese bestanden aus großen Glasbehältern, die mit Salmiaklösung gefüllt waren. Zinkplatten waren ringförmig um einen Kohlestab angeordnet. Der Kohlestab war mit einem Beutel umhüllt, der Braunsteinpulver enthielt.
Heute verwendete Monozellen oder Batterien sind weiterentwickelte Braunstein-Elemente.

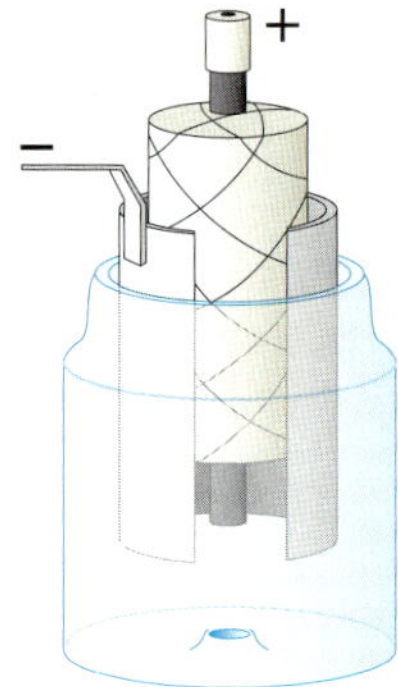


**3** Braunstein-Element

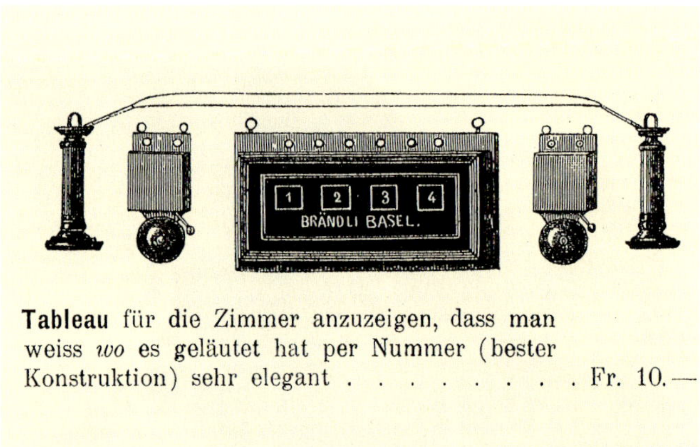

**Tableau** für die Zimmer anzuzeigen, dass man weiss *wo* es geläutet hat per Nummer (bester Konstruktion) sehr elegant . . . . . . . . . Fr. 10.—

**1** Auszug aus einem Verkaufskatalog

**4** Ruftafel, Klingeltaster, Glocke

**2** Ruftafel mit mechanischer Rückstellung

**5** Stromwechsel-Ruftafel

## *Aus der Geschichte der Medizintechnik*

Mit dem 1909 patentierten „elektrotherapeutischen Taschenapparat" des Erfinders Brändli aus Basel wurden Reizströme erzeugt. Man versprach sich vom Einsatz solcher Apparate eine heilende Wirkung bei Nerven- und Muskelkrankheiten.
Dieses Gerät funktioniert wie ein elektrischer Summer. Ziehen Spulen einen Anker an, unterbrechen sie den eigenen Stromkreis. Bei stromlosen Spulen wird der Selbstunterbrecher-Kontakt geschlossen. Dieser Vorgang wiederholt sich so rasch, dass der Anker summt. Die Selbstunterbrechung einer Spule hat aber noch eine andere Wirkung. Beim Unterbrechen der Spule entstehen Stromstöße mit hohen Spannungen. Diese werden beim „elektrotherapeutischen Taschenapparat" auf die Haut geleitet.
Einzelteile: Metallrohr (a); Monozelle (b); Spule (c) ; Eisenkern aus Eisendrähten (n) ; Anker ($f^{o}$); Taster (i); Massierwalze (Fig. 7 und 8) aus zwei Metallrädern, mit Holz verbunden; Bürsten (Fig. 9 und 10) mit Metallborsten, dazwischen nicht leitende Borsten.

*7* Elektrisiermaschine

Um die Jahrhundertwende wurden auf Jahrmärkten und in Restaurants „Elektrisiermaschinen" aufgestellt. Viele Menschen meinten, dass ein tägliches elektrisches „Durchrütteln" das Wohlbefinden des Menschen steigern und sich positiv auf die Gesundheit auswirken könnte. Diese Auffassung ist zu verstehen, da man der elektrotechnischen Entwicklung übersteigerte Erwartungen entgegenbrachte.

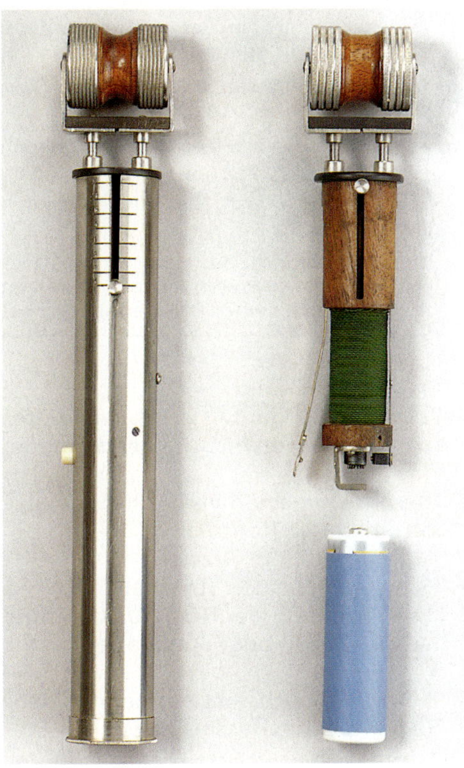

*6* Elektrotherapeutischer Taschenapparat

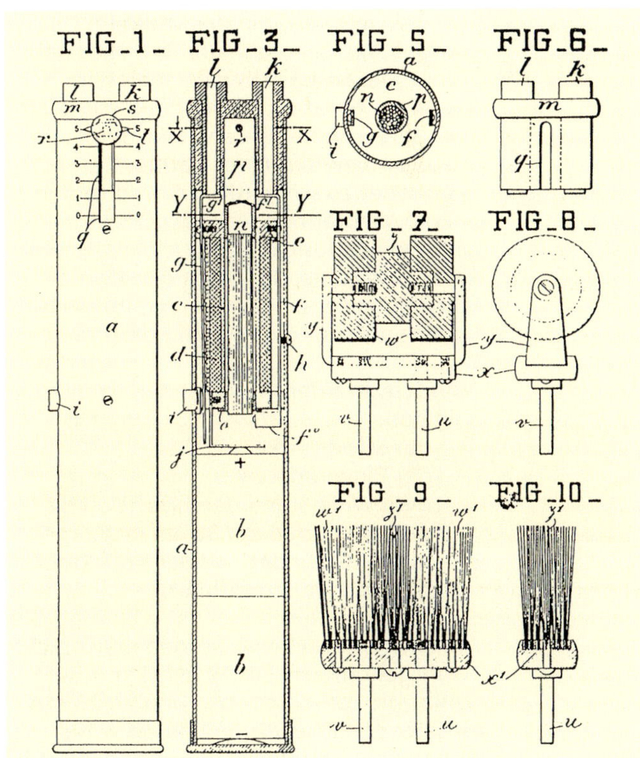

## *Verhaltensregeln beim Umgang mit dem elektrischen Strom*

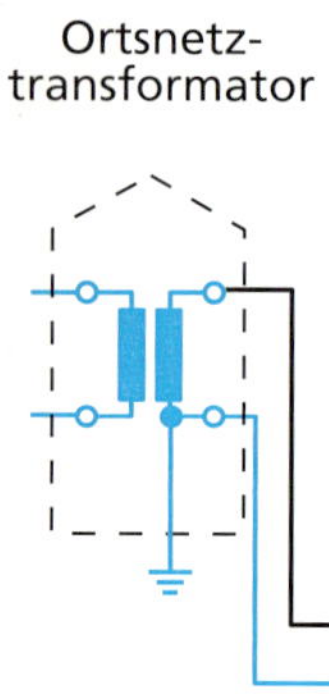


„Bei uns kommt der Strom aus der Steckdose." Stimmt! Und der kommt aus dem örtlichen Transformatorhaus. Von dort werden der spannungsführende Außenleiter und der Neutralleiter einfach bis zum Haus verlängert. Wichtig ist dabei: Der Neutralleiter wird schon im Transformatorhaus geerdet und noch einmal im Haus, d.h. er wird mit einem Metallband mit der feuchten Erde verbunden.

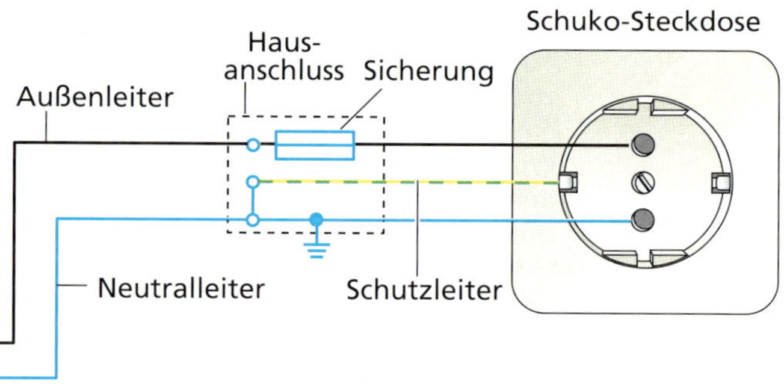


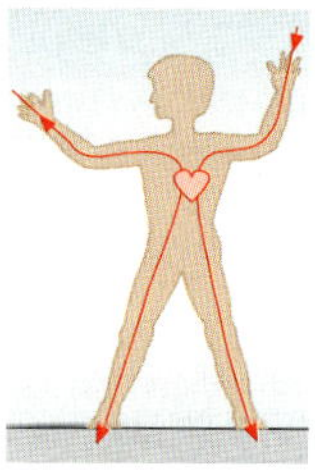

Jeder Mensch, der auf einem feuchten Boden steht, ist über diesen geerdet. Berührt er gleichzeitig einen Außenleiter, etwa über ein defektes Gerät, so wird der menschliche Körper Teil eines geschlossenen Stromkreises mit dem Netz als Quelle. Es besteht Lebensgefahr! Da der menschliche Körper den elektrischen Strom leitet, wenn auch viel schlechter als Metalldrähte, kann auch durch den Körper ein Strom fließen (z.B. wenn zwischen Händen und Füßen eine elektrische Spannung anliegt).

Bei kleinen Strömen verspürt man ein Kribbeln in den Händen. Ist der Strom größer, verkrampfen die Muskeln. Das ist meist schon sehr schmerzhaft. Hier beginnt die Loslassschwelle: man kann ein defektes Gerät nicht mehr loslassen. Größere Ströme führen außerdem zu einer Wärmewirkung im Körper. Dann kommt es zu schweren äußeren und inneren Verbrennungen, oft verbunden mit Bewusstlosigkeit und Atemstillstand. Wechselströme, die durch den Körper fließen, zwingen dem Herzen ihre Frequenz auf: es kommt zum Herzflimmern.

Die Schwere der Verletzungen ist abhängig von:
- der Stromstärke
- der Einwirkdauer
- dem Widerstand der Eintrittsstelle
- dem Weg, den der Strom im Körper nimmt (befindet sich der Kopf oder das Herz im Stromfluss?)

Ströme unter 0,5 mA werden meist nicht wahrgenommen. Ab 12 bis 15 mA beginnt die Loslassschwelle und ab 25 mA ist eine tödliche Stromwirkung wahrscheinlich. Spannungen über 50 V sind lebensgefährlich!

### *Was sollte man auf jeden Fall beachten?*

- Wenn kleinere Kinder zum Haushalt gehören, sollten Steckdosen mit Sicherungen versehen werden.
- Ist das Gehäuse oder die Zuleitung eines elektrischen Geräts beschädigt, sollte es auf keinen Fall angeschlossen werden, auch wenn das Gerät noch funktionstüchtig ist.
- Elektrogeräte dürfen nur vom Fachmann repariert werden!
- Die Sicherungen sollten zum Reinigen von Deckenlampen und beim Wechseln der Glühlampen abgeschaltet werden!
- Berührt man Elektrogeräte während des Betriebs, sollte man nicht gleichzeitig Wasserhähne oder Heizungen berühren!
- Ins Badezimmer gehören keine Heizlüfter oder Nachttischlampen. Nie in der Badewanne Haartrockner oder das Radio bedienen!
- Den Stecker nicht an der Leitung aus der Steckdose herausziehen oder die Leitungen in Türritzen quetschen!
- Nie barfuß im Garten oder auf einem Steinfußboden elektrische Geräte benutzen!
- Angeschlossene elektrische Geräte niemals mit Wasser reinigen!
- Schutzvorrichtungen oder Hinweisschilder dürfen nicht entfernt werden!
- Elektromaste nicht besteigen! Von herabhängenden Freileitungen einen weiten Abstand halten und in der Nähe von Leitungen keinen Drachen steigen lassen!

Bei einem Elektrounfall ist schnelle ***Hilfeleistung*** für den Verunglückten von entscheidender Bedeutung.

***1.*** Berühre nie einen Verunglückten, der noch mit dem Stromkreis in Kontakt ist!

***2.*** Schalte zuerst den Strom ab!
(z.B. Schalter oder NOT-AUS betätigen; Sicherung ausschrauben oder ausschalten)

***3.*** Sofort Wiederbelebungsmaßnahmen ergreifen (Atemspende, Herzmassage)!

***4.*** Von weiterem Helfer den Arzt rufen lassen!

## Schutzmaßnahmen bei Elektrogeräten

Elektrische Geräte und Leitungen werden so gebaut, dass das Berühren blanker Leitungsteile so gut wie ausgeschlossen ist. Außerdem werden elektrische Geräte mit einem Schutzleiter bzw. einer Schutzisolierung versehen oder unter Schutzkleinspannung betrieben.

***Erdung über einen Schutzleiter***
Viele Geräte haben ein metallisches Gehäuse. Scheuert die Isolierung des Außenleiters einmal durch und berührt das Metallgehäuse, so würde man beim Berühren des Geräts einen elektrischen Schlag erhalten. Das verhindert der Schutzleiter, eine dritte Leitung, die das Gehäuse mit „Erde" verbindet.
So wird bei einem Isolationsfehler der Strom über den Schutzleiter zum Neutralleiter „abgeleitet". Es gibt einen Kurzschluss, die Sicherung unterbricht den Stromkreis. Die Anschlusskabel solcher Geräte sind dreiadrig und mit einem Schukostecker versehen (Schuko = Schutzkontakt).
Beispiele:
Bügeleisen, Kühlschrank, Waschmaschine, Toaster, …

*Symbol für Erde:*

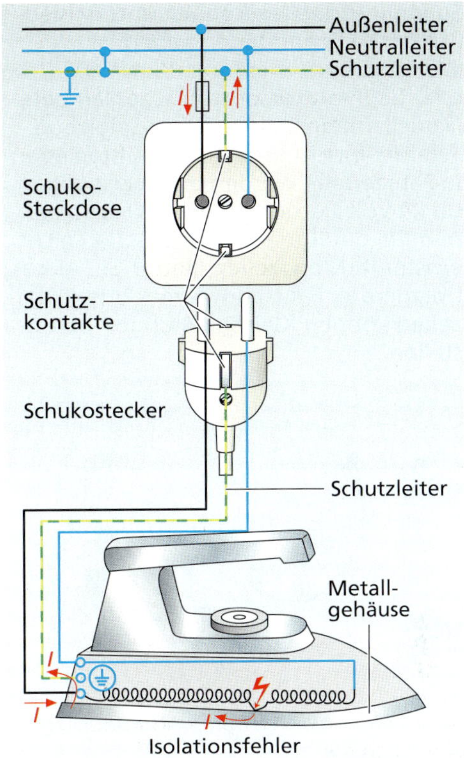


***1*** Gerät mit Schutzleiter

***Die Schutzisolierung***
Viele Geräte sind heute so gebaut, dass man keine Metallteile, die Kontakt mit dem spannungsführenden Leiter haben könnten, berühren kann. Ihr Gehäuse besteht aus isolierendem Kunststoff. Diese Geräte sind mit einem flachen Eurostecker (zweipolig) ausgestattet. Sie besitzen keinen Schutzleiter und schützen den Benutzer trotzdem vor einer gefährlichen Berührungsspannung.
Das Gerät muss das Symbol für Schutzisolierung aufweisen.
Beispiele:
Allesschneider, Nachttischlampe, Haartrockner, Rasierapparat, Radio, …

*Symbol für Schutzisolierung:*

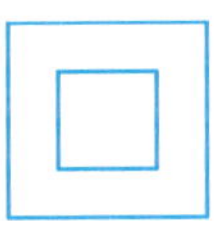

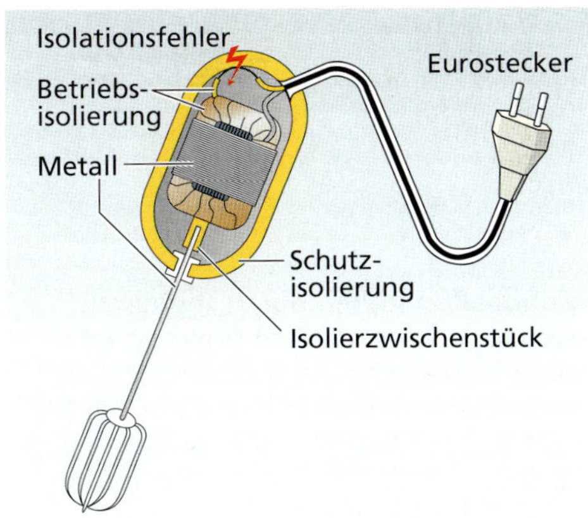


***2*** Gerät mit Schutzisolierung

***Die Schutzkleinspannung***
Unter Schutzkleinspannung versteht man solche Spannungen, die für den Menschen ungefährlich sind. Man erhält sie über Schutztransformatoren, Batterien oder Akkus.
Beispiele:
Kinderspielzeug, Schülerarbeitsplätze, Hausklingel, elektrische Zahnbürste, …

*Symbol für Schutzkleinspannung:*

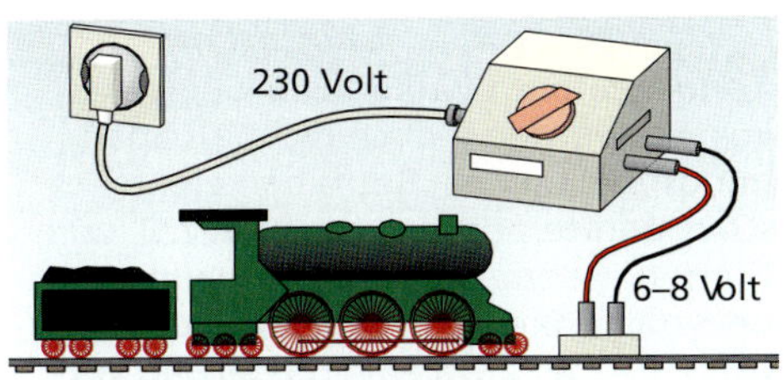


***3*** Schutzkleinspannung durch einen Trafo

## Spannungsquellen

Spannungsquellen können unterschiedlich große Spannungen haben. Wohngebäude werden z. B. mit 400 bzw. 230 Volt versorgt. Taschenlampen, Modellanlagen, elektrisches Spielzeug, Telefoneinrichtungen oder Lichtanlagen in Fahrzeugen werden mit Spannungen bis 24 Volt betrieben. Diese ***Kleinspannungen*** gefährden den Menschen nicht ernsthaft. Monozellen, Batterien, Akkus, Netzgeräte, Fahrraddynamos oder Solarzellen können Kleinspannungen bereitstellen.

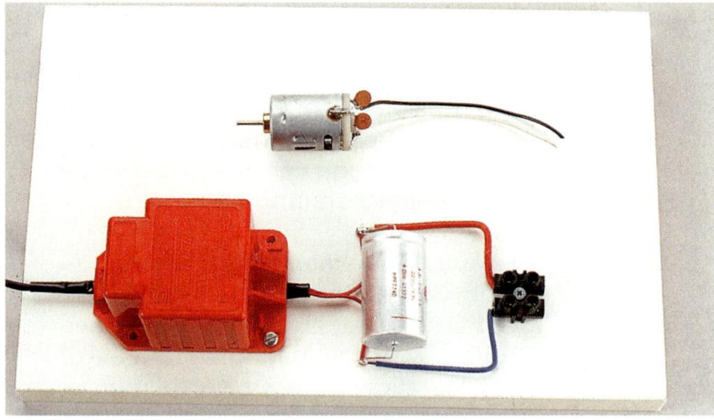

*2* Kondensatoren zum Glätten und zur Funkentstörung

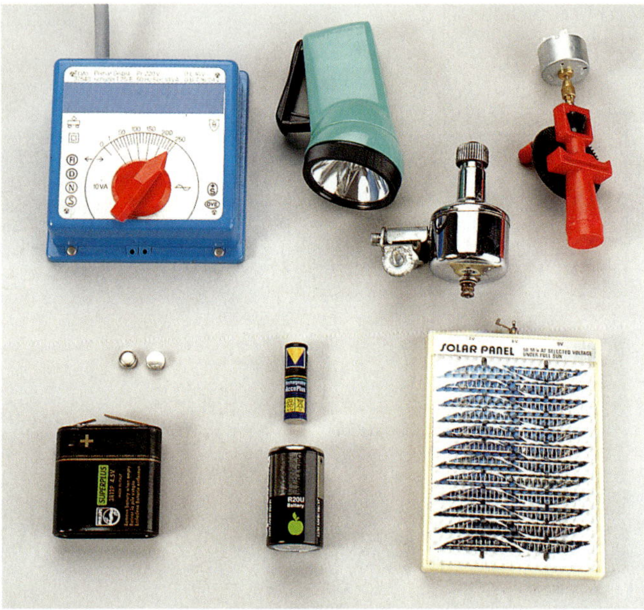


*1* Spannungsquellen

Monozellen, Akkus und Solarzellen liefern ***Gleichspannung*** bzw. ***Gleichstrom***. Die Polung der Gleichspannung wird durch ein Plus- und Minuszeichen gekennzeichnet. In der Schaltungstechnik ist es auch üblich, statt des Minuszeichens das Zeichen „0“ zu verwenden. Die Angabe dieses Nullpunktes bedeutet, dass die Spannung von diesem Bezugspunkt aus gemessen wird.

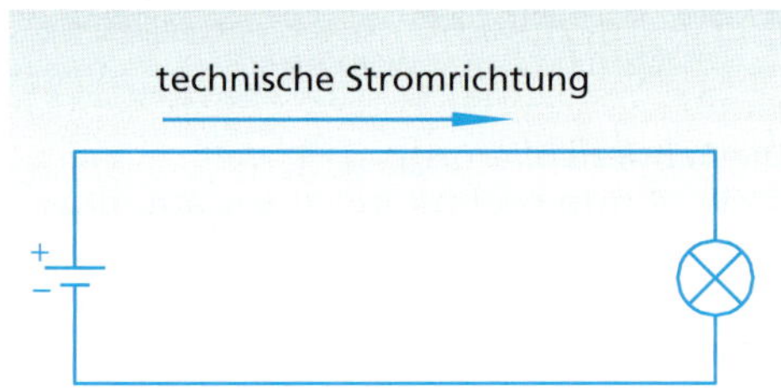


*3* Technische Stromrichtung

***Monozellen*** stellen durch chemische Vorgänge elektrische Energie bereit. Sie sind „verbraucht“, wenn nur noch die halbe Nennspannung (= die auf der Monozelle oder Batterie angegebene Spannung) gemessen wird. Bei Akkumulatoren (kurz: Akkus) ist der chemische Vorgang umkehrbar. Sie können geladen und entladen werden. Verbrauchte Monozellen gehören in den Sondermüll.

***Kondensatoren*** wirken wie kleine Akkus. Sie werden jedoch nicht als Spannungsquellen zum Betreiben elektrischer Geräte benutzt, sondern z. B. zum Glätten von welligen Gleichspannungen und zur Funkentstörung von Motoren (Abb. 2) oder zur Zeitverzögerung von Schaltvorgängen (siehe Seite 11).

Bei Gleichspannungen ist die ***technische Stromrichtung*** in den Leitungen einer Schaltung vom Pluspol zum Minuspol festgelegt. Man traf diese Vereinbarung lange bevor entdeckt wurde, dass die Elektronen in leitenden Materialien gerade umgekehrt wandern, nämlich vom Minuspol zum Pluspol (= physikalische Stromrichtung).

Bei ***Wechselspannung*** wechselt der Strom ständig seine Richtung (Wechselstrom). Bei einer Glühlampe lässt sich nicht feststellen, ob sie mit einer Gleich- oder Wechselspannung betrieben wird. Transformatoren, Dynamos für Fahrräder oder Lichtmaschinen für Mofas liefern Wechselspannung.

Um Strom weiterzuleiten, werden bei einigen elektrisch betriebenen Gegenständen metallische Teile als Leitungsstücke verwendet, z. B. der Rahmen beim Fahrrad, die Karosserie beim Auto oder das metallische Gehäuse bei elektrischen Geräten, die mit Kleinspannung betrieben werden. Diese Leitungsstücke bezeichnet man als ***Masse***. Ein Pol der Spannungsquelle hat hierbei Masseanschluss.

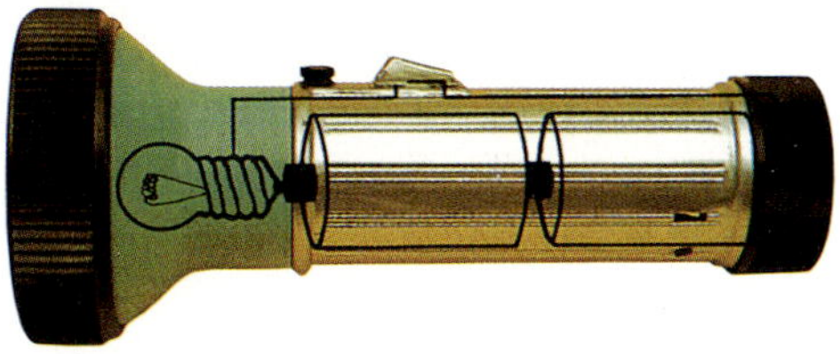

*4* Taschenlampengehäuse als „Masse"

Möchte man mit Monozellen, Akkus oder Solarzellen die ***Spannung erhöhen***, schaltet man diese in Reihe. Ein Minuspol wird jeweils mit einem Pluspol verbunden. ***Batterien*** bestehen aus Monozellen, die in Reihe geschaltet sind. Muss man einen ***stärkeren Strom*** entnehmen oder sollen sich Monozellen und Akkus nicht so schnell erschöpfen, werden sie zueinander parallel geschaltet. Hierbei werden jeweils die gleichnamigen Pole miteinander verbunden.

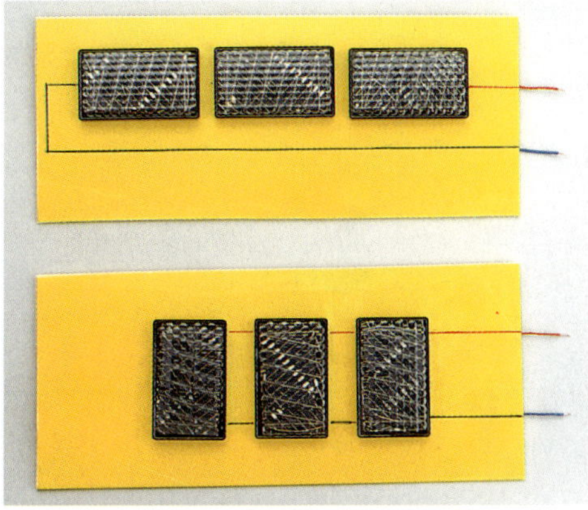

*5* Reihen- und Parallelschaltung von Solarzellen

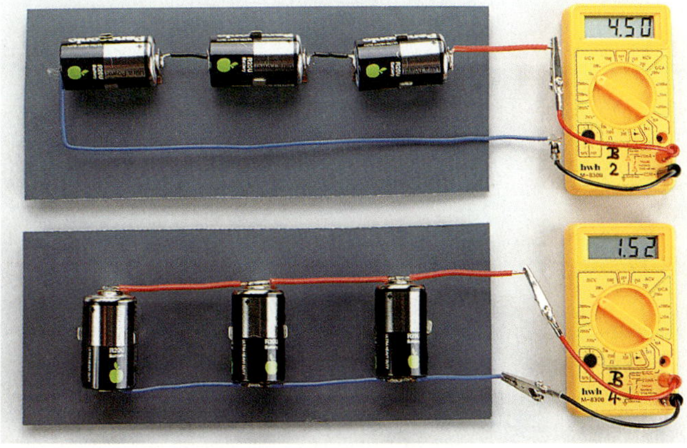



*6* Reihen- und Parallelschaltung von Monozellen

***Arbeitssicherheit:***

Bei Verwendung von Anlagen und Geräten mit Kleinspannung muss gewährleistet sein, dass die Spannungsquelle bei Überlastung durch eine Sicherung abgetrennt wird, z. B. beim Halogenlicht im Haus.

Elektrolytkondensatoren (Elkos) können explodieren, wenn eine Spannung angelegt wird, die wesentlich höher ist als die Nennspannung, oder wenn der Kondensator mit falscher Polung angeschlossen wird! Achte deshalb unbedingt auf die Kennzeichnung der Polung.

Dir ist es nicht erlaubt, Arbeiten an elektrischen Anlagen mit gefährlichen Spannungen vorzunehmen, z. B. Leitungen zu verlegen, Steckdosen oder Schalter anzubringen. Auf keinen Fall solltest du meinen, dass du das im Kleinspannungsbereich erworbene Wissen ohne weitere Fachkenntnisse bei elektrischen Geräten und Anlagen mit ***230 Volt Netzspannung*** anwenden kannst. Schon beim Anschließen einer Deckenleuchte oder beim Anbringen einer Leitung an ein Elektrogerät mit 230 V Nennspannung müssen zahlreiche Schutzbestimmungen des Verbandes Deutscher Elektrotechniker (***VDE***) beachtet und eingehalten werden.
Diese Bestimmungen gelten als gesetzlich anerkannte Regeln der Elektrotechnik.

# Handbetätigte Schalter

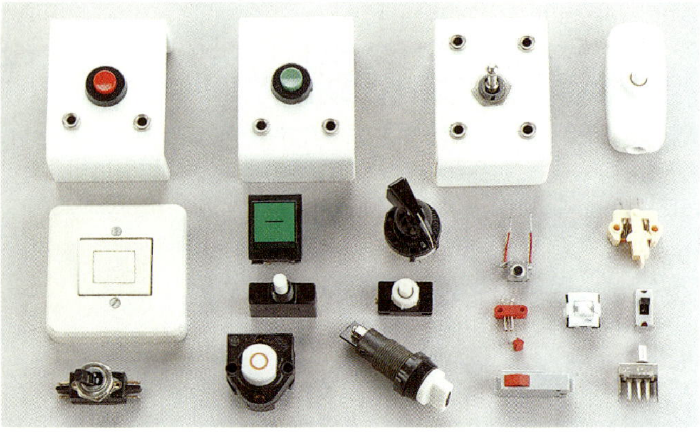

*1* Tast- und Stellschalter

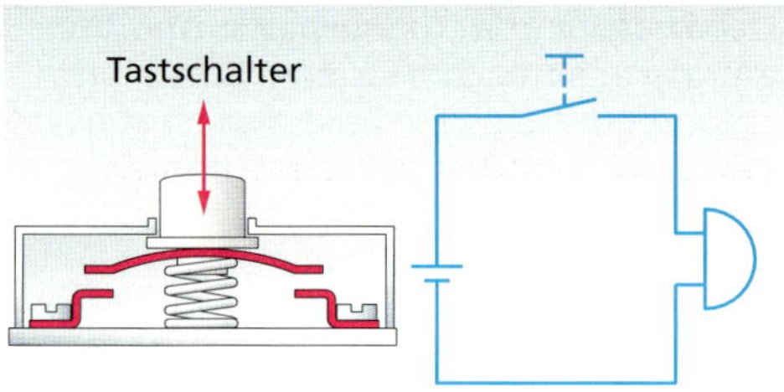


*3* EIN-Taster

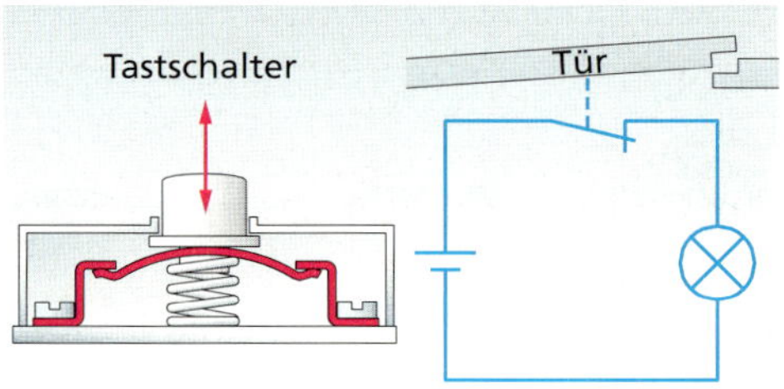


*4* AUS-Taster

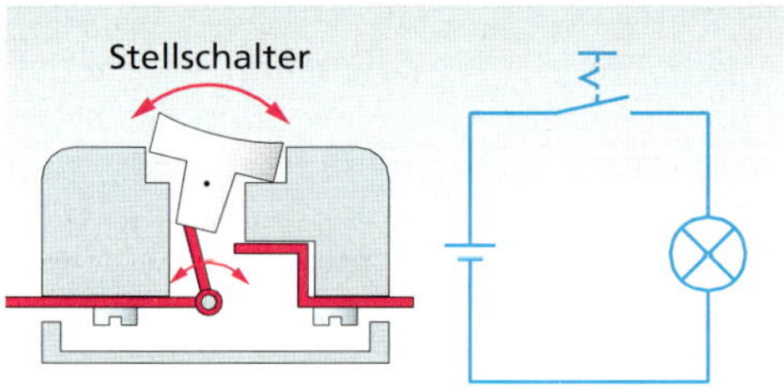


*5* Stellschalter

***Tastschalter*** (kurz: Taster) sind Schalter, die in die Ausgangsstellung zurückfedern, wenn sie nicht mehr betätigt werden. Beim Betätigen eines Klingeltasters wird der Stromkreis geschlossen. Man bezeichnet ihn deshalb als ***EIN-Taster*** (Taster mit Schließerkontakt oder Schließer).

***AUS-Taster*** (Taster mit Öffnerkontakt, Öffner oder Unterbrecher) öffnen bei Betätigung einen Stromkreis und schließen im unbetätigten Zustand. AUS-Taster werden am Türrahmen von Kühlschränken und Autos für die Innenbeleuchtung verwendet. Durch den Druck der geschlossenen Tür werden sie auf „AUS" geschaltet.

Als Geräte- und Lichtschalter verwendet man ***Stellschalter***. Nach Betätigung behalten sie ihre Schaltstellung bei.

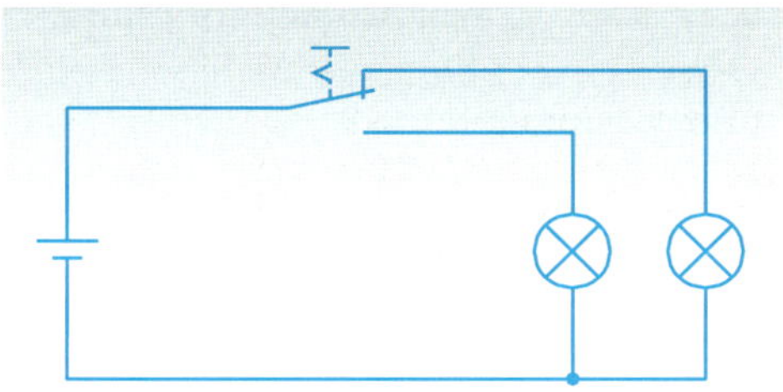

*6* Stellschalter als Wechsler

Mit ***Wechselschaltern*** (UM-Schalter, Wechsler) kann man zwischen zwei Leitungswegen umschalten. Sie können als Stellschalter oder als Taster ausgeführt sein.

Um die Stromrichtung in einem Verbraucher, z. B. einem Elektromotor, umzukehren, kann man ***Polwendeschalter*** verwenden.

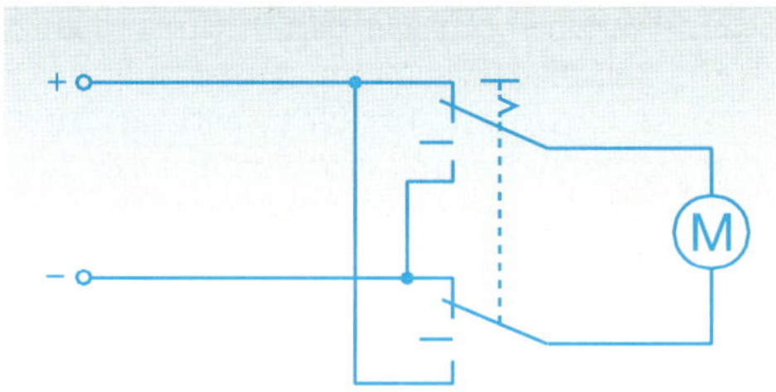


*7* Polwendeschaltung: Umkehren der Stromrichtung

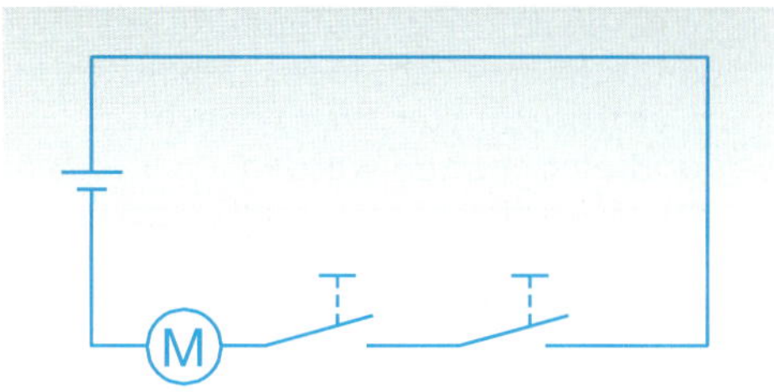


*2* Reihenschaltung von Schaltern: Sicherheitsschaltung

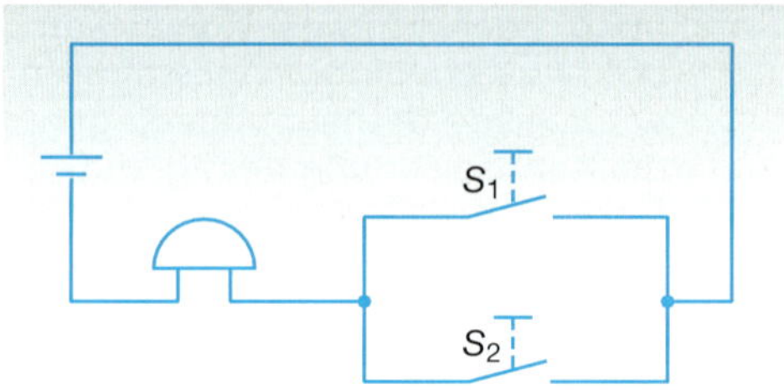


*8* Parallelschaltung von Schaltern: Klingelanlage

## Automatisch wirkende Schalter

Schalter können Größen wie Zeit, Temperatur, Druck, Füllstand, Magnetismus usw. automatisch erfassen. Solche Schalter gibt es in großer Vielfalt.

Mit ***Nockenschaltern*** oder Schaltern mit Stiftscheiben können Vorgänge nach einem festgelegten Zeitprogramm automatisch ein- und ausgeschaltet werden. Die Scheiben werden durch langsam laufende Getriebemotoren gedreht und betätigen hierbei Kontaktzungen. Sie werden z. B. in Schaltuhren für Waschmaschinen oder in Zeitschaltern für das Treppenhauslicht verwendet.

*9* Nockenschalter

***Bimetallschalter*** (bi…, lat.: zwei…) sind vielseitig einsetzbare temperaturabhängige Schalter. Bimetalle bestehen aus zwei Schichten verschiedener Metalle, die fest miteinander verbunden sind. Beim Erhitzen dehnt sich eine Metallschicht stärker aus als die andere. Dadurch krümmt sich der Blechstreifen und betätigt einen Schalter. Bimetallschalter finden Anwendung z. B. bei Bügeleisen, Heizlüftern oder Raumthermostaten.

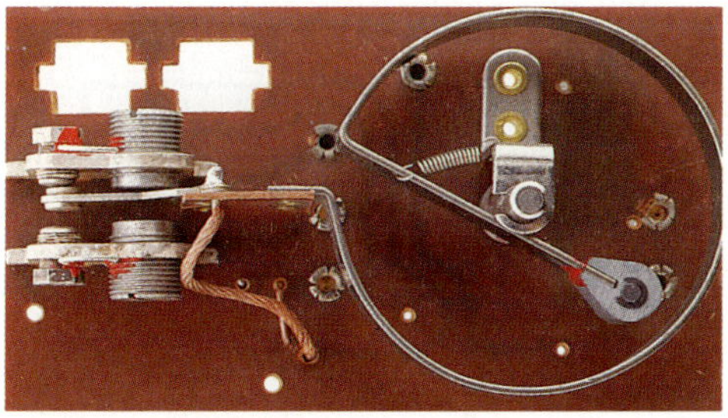

*10* Bimetallschalter

Mit ***Druckwächtern*** wird die Füllstandshöhe einer Flüssigkeit in einem Behälter überwacht, z. B. der Wasserstand in einer Waschmaschine. Steigt der Füllstand im Röhrchen des Druckwächters an, nimmt der Luftdruck im Röhrchen zu und drückt auf eine Membran. Bei einem bestimmten Druck betätigt die Membran einen Schalter.

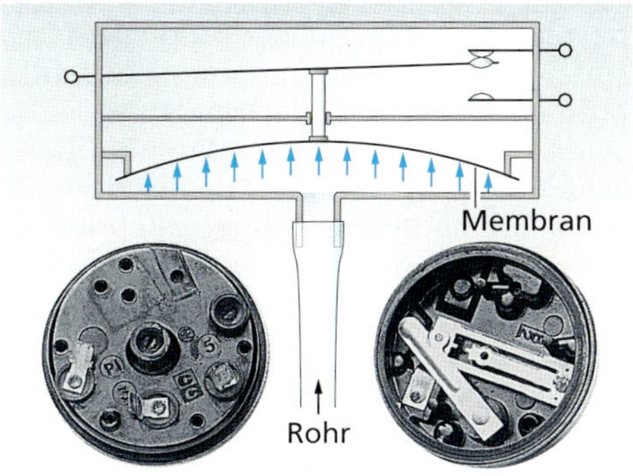


*11* Druckwächter

***Reedkontakt-Schalter*** (reed, engl.: Zunge eines Musikinstruments, z. B. einer Mundharmonika) sind Magnetschalter. Sie bestehen aus Kontaktzungen in einem luftdicht verschmolzenen Glasröhrchen. Wird ein Dauermagnet an das Glasröhrchen geführt, schalten die Kontaktzungen.

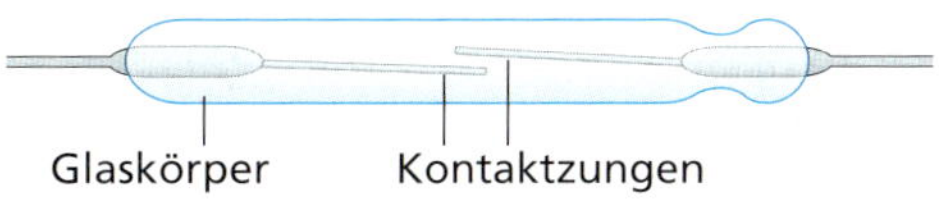


*12* Reedkontakt-Schalter

***Lichtschranken*** erfassen die Unterbrechung eines Lichtstrahls. Sie bestehen z. B. aus einer Lichtquelle und einem Fotowiderstand, der Helligkeit erfasst. Durch Lichtunterbrechung kann ein Relais oder Stromstoßzählwerk geschaltet werden.

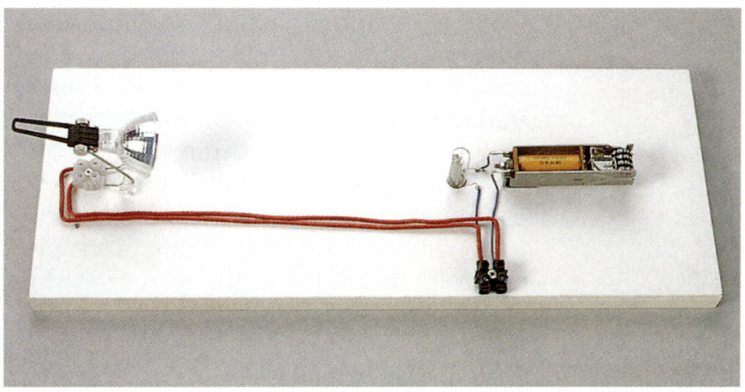

*13* Lichtschranke mit Zählwerk

# *Elektrische Widerstände*

*Physik: Elektrizitätslehre*

Mit Widerständen lassen sich Spannungen und Stromstärken verändern. Bei ***Festwiderständen*** können der elektrische Widerstandswert und die größte Abweichung vom Nennwert durch aufgedruckte Farbringe abgelesen werden. Festwiderstände für kleine Leistungen bestehen aus Kohle- oder Metalloxidspiralen, die auf einem Keramikkörper aufgebracht sind. Widerstände der Widerstandsreihe E 12 werden häufig in Schaltungen verwendet. Die Bezeichnung E 12 bedeutet, dass jede Zehnerpotenz (10 – 100, 100 – 1000 usw.) in 12 Widerstandswerte unterteilt ist.

Soll eine Lampe, eine Leuchtdiode oder ein anderer „Verbraucher" mit einer Spannungsquelle betrieben werden, deren Spannung höher ist als die Nennspannung des Verbrauchers, wird ein ***Schutzwiderstand*** (Vorwiderstand) in Reihe geschaltet (siehe Seite 49).

Mit einer Reihenschaltung von zwei Widerständen kann jede beliebige Spannung zwischen 0 Volt und der Betriebsspannung eingestellt werden. Soll eine Spannung stufenlos verändert werden können, verwendet man ***Stellwiderstände***. Sie haben drei Anschlüsse. Der mittlere Anschluss führt zum Schleifer, der sich über die Widerstandsbahn bewegt.

***Potentiometer*** (kurz: Poti) werden mit einer Welle eingestellt. Sie werden z. B. als Lautstärkeregler beim Radio eingesetzt. Bei ***Trimmern*** wird der Schleifer mit einem Schraubendreher gedreht.

***Fotowiderstände*** haben eine lichtempfindliche Fläche. Bei zunehmender Helligkeit nimmt der Widerstandswert ab. Mit ihnen können elektrische Objekte in Abhängigkeit vom Tageslicht automatisch gesteuert werden.

***Heißleiter*** (kurz: NTC) und ***Kaltleiter*** (kurz: PTC) verändern ihren Widerstandswert in Abhängigkeit von der Temperatur. Mit zunehmender Temperatur vermindert sich der Widerstandswert bei Heißleitern, bei Kaltleitern erhöht er sich. Sie können als Messfühler in Schaltungen zur Temperaturüberwachung eingesetzt werden.

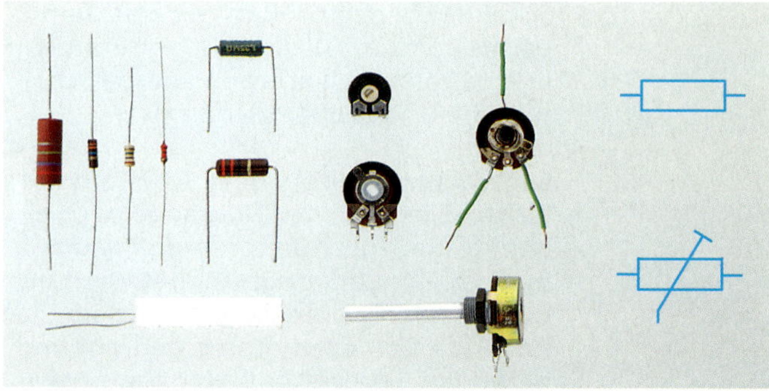

*1* Festwiderstände, Potentiometer, Trimmer

| Ringfarbe | 1. Ring | 2. Ring | 3. Ring | 4. Ring (Toleranz) | Beispiel |
|---|---|---|---|---|---|
| schwarz | 0 | 0 | x 1 Ω | | |
| braun | 1 | 1 | x 10 Ω | | |
| rot | 2 | 2 | x 100 Ω | | gelb |
| orange | 3 | 3 | x 1 kΩ | | violett |
| gelb | 4 | 4 | x 10 kΩ | | rot |
| grün | 5 | 5 | x 100 kΩ | | gold |
| blau | 6 | 6 | x 1 MΩ | | |
| violett | 7 | 7 | x 10 MΩ | | |
| grau | 8 | 8 | x 100 MΩ | | |
| weiß | 9 | 9 | x 1 GΩ | | 47 x 100Ω = |
| gold | | | | ± 5 % | 4,7 kΩ ± 5 % |
| silber | | | | ± 10 % | |

*2* Farbring-Code für Kohleschicht-Widerstände

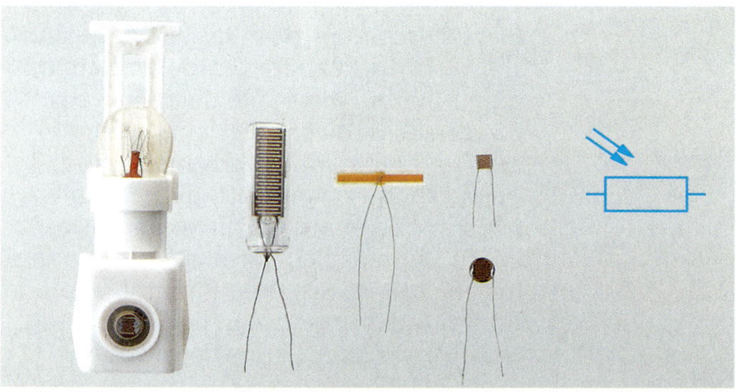

*3* Fotowiderstände, Orientierungslicht mit Fotowiderstand

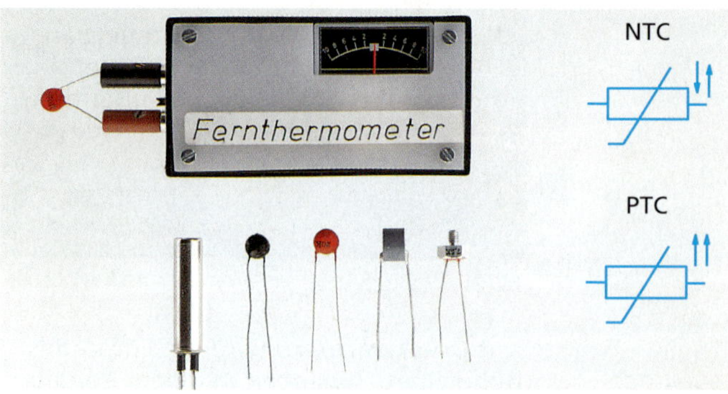


*4* Heißleiter, Kaltleiter, Fernthermometer

## *Elektrische Ventile*

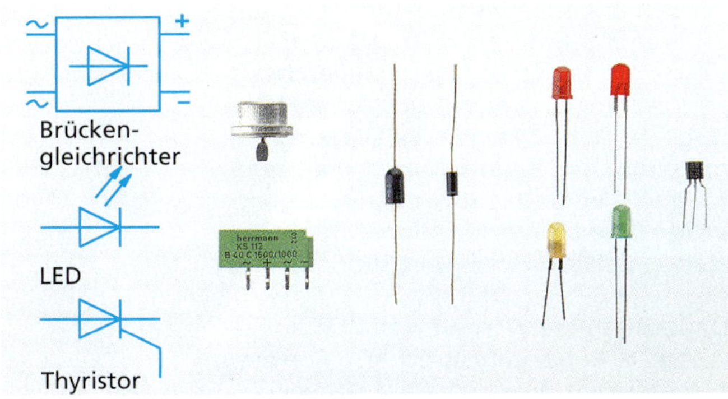


***5*** Gleichrichterdiode, Brückengleichrichter, LED, Thyristor

### *Gleichrichterdiode*

Gleichrichterdioden lassen den Strom nur in einer Richtung durch. Sie wirken wie ein „elektrisches Ventil". Der Strom fließt vom Plus-Anschluss, der als Anode bezeichnet wird, zur Kathode (Minus-Anschluss). Gleichrichterdioden sperren in der umgekehrten Richtung. Die Pfeilrichtung beim Schaltzeichen entspricht der Durchlassrichtung des Stroms. Der Querstrich an der Pfeilspitze im Schaltzeichen ist auf dem Bauteil als Ring gekennzeichnet.
Ein wichtiger Anwendungsbereich der Gleichrichterdiode ist die Umwandlung von Wechselspannung in Gleichspannung (siehe Abb. 6 und Seite 12, Abb. 1).

### *Leuchtdiode*

Leuchtdioden können Anzeigelämpchen ersetzen. Sie sind Licht aussendende Dioden. Man bezeichnet sie kurz als LED (engl.: light emitting diode). Leuchtdioden werden in Durchgangsrichtung betrieben. Zur Verminderung der Stromaufnahme werden sie mit einem Widerstand in Reihe geschaltet.

### *Thyristor*

Thyristoren sind im Prinzip steuerbare Dioden. Sie haben drei Anschlüsse: Anode, Kathode und Gate. Außer den Zuständen Sperren und Durchlassen wie bei den Dioden können Thyristoren den Zustand des Blockierens einnehmen. Wird eine Spannung in Durchlassrichtung an den Thyristor angelegt, blockiert der Thyristor zunächst. Durch einen kurzen positiven Impuls am Gate wird der Thyristor geöffnet („gezündet"). Ist er geöffnet, wird die Steuerspannung überflüssig. Über das Gate lässt sich der Thyristor nicht sperren, sondern nur durch Unterschreiten eines sehr kleinen Wertes des Durchlassstroms oder durch Unterbrechen des Stromkreises.
Thyristoren können als Signalspeicher bei Alarmanlagen eingesetzt werden. Sie können hierbei Relais ersetzen. Thyristoren haben keine beweglichen Teile und arbeiten im Gegensatz zu Relais verschleißfrei. Ihre Schaltgeschwindigkeit ist sehr hoch, ihre Lebensdauer ist groß und sie sind preiswert.

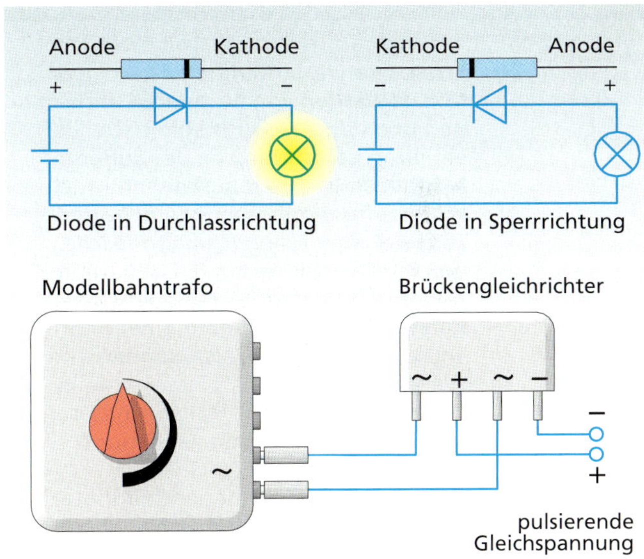


***6*** Gleichrichterdiode und Brückengleichrichter im Stromkreis

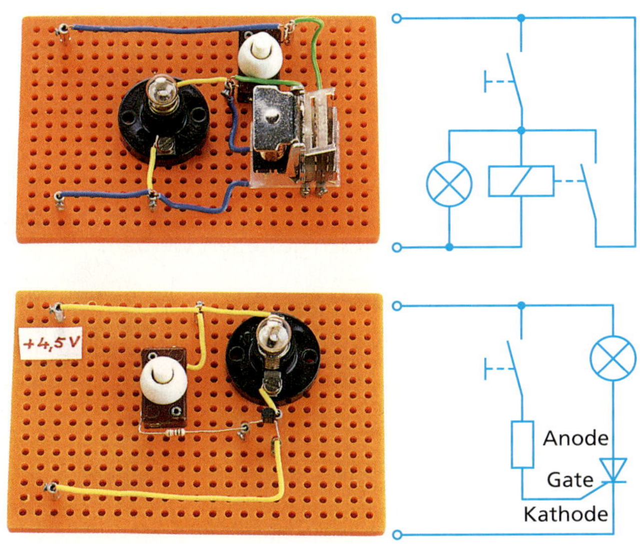


***7*** Vergleich: Relais und Thyristor als Signalspeicher

## Dauermagnet, Elektromagnet

*1* Elektromagnet

Eisen, Eisenverbindungen, Nickel und Kobalt werden von Magneten angezogen und dabei selbst magnetisch. Sie verlieren bei Nachlassen des äußeren Magnetismus ihre magnetische Kraft. Werkstoffe mit diesen Eigenschaften bezeichnet man als ***weichmagnetische*** Werkstoffe. Das sind z. B. Eisen mit geringem Kohlenstoffanteil oder so genannte Elektrobleche aus einer Eisen-Siliziumlegierung. Weichmagnetische Werkstoffe werden als Eisenkerne in Elektromagneten, in Transformatoren und in Elektromotoren verwendet.

***Dauermagnete*** (Permanentmagnete) werden aus ***hartmagnetischen*** Werkstoffen hergestellt, z. B. aus Kobaltstahl, Alnico-Werkstoff (aus Al, Ni, Co, Cu, Fe), Bariumferrit oder aus Verbundwerkstoffen mit Kunststoffen oder Gummi. Zur Herstellung von Dauermagneten bestreicht man hartmagnetische Werkstoffe mit einem starken Dauermagneten oder lässt auf sie einen starken Elektromagneten einwirken.

An den Enden eines stabförmigen Dauermagneten sind die magnetischen Kräfte am stärksten. Diese Stellen bezeichnet man als ***Nord- und Südpol***. Die Nägel in Abb. 2 zeigen die Wirkung der magnetischen Kräfte. Nähert man zwei Magnete einander, so stoßen sich gleichartige Pole ab. Verschiedenartige Pole ziehen sich an (Nord- und Südpol).

Dauermagnete werden vielfältig angewandt, z. B. bei Lautsprechern, Motoren, Messgeräten, Magnettafeln, Türverschlüssen oder Magnetschaltern. In der Tiermedizin gehören Magnete zu den ältesten Hilfsmitteln, um scharfkantige Eisenteile aus Kuhmägen zu entfernen. Weniger bekannt ist die Verwendung in der Humanmedizin bei Unterfunktion der Muskeln zum Öffnen der Augenlider. Unter den Augenbrauen können Dauermagnete eingepflanzt und oberhalb der Augenwimpern Eisenstreifen angebracht werden. Die Augenlider haften dadurch, wenn sie von Hand gehoben werden.

*Denkst du jetzt über die Brauchbarkeit des Magnetverschlusses für deine Augenlider nach? Schlafen mit offenen Augen! Das wär's, oder?*

Fließt Strom durch einen Draht, so erzeugt er ein magnetisches Kraftfeld. Wickelt man aus dem geraden Leiter eine Spule, so entsteht ein ***Elektromagnet***. Wenn Strom durch die Spule fließt, setzt sich die Kraftwirkung der Spule aus der Kraftwirkung der einzelnen Windungen zusammen. Die magnetische Kraft wird stärker mit zunehmender Stromstärke, mit größerer Windungszahl und durch Einführen eines Weicheisenkerns in die Spule. Die Spule wirkt wie ein Dauermagnet mit Nord- und Südpol, verliert aber ihre magnetische Kraft nach Abschalten des Stroms.

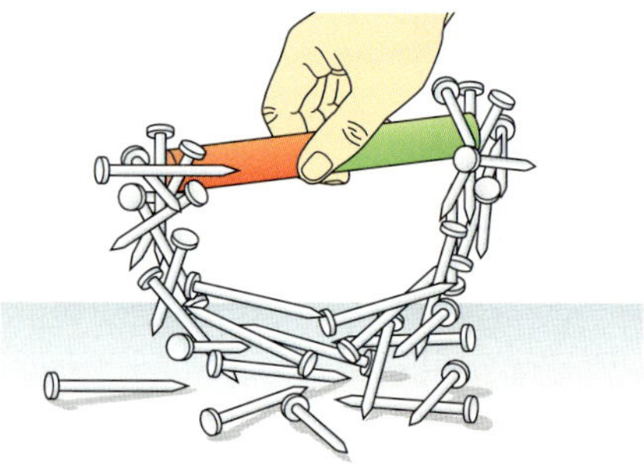

*2* Wirkung des Magnetfeldes bei einem Stabmagneten

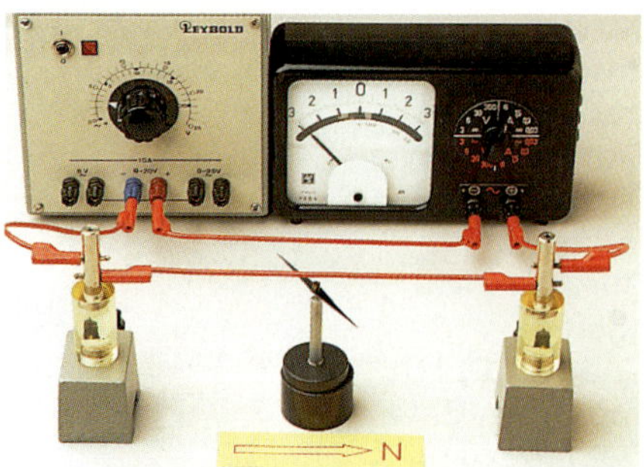


*3* Ablenkung einer Kompassnadel bei elektrischem Strom

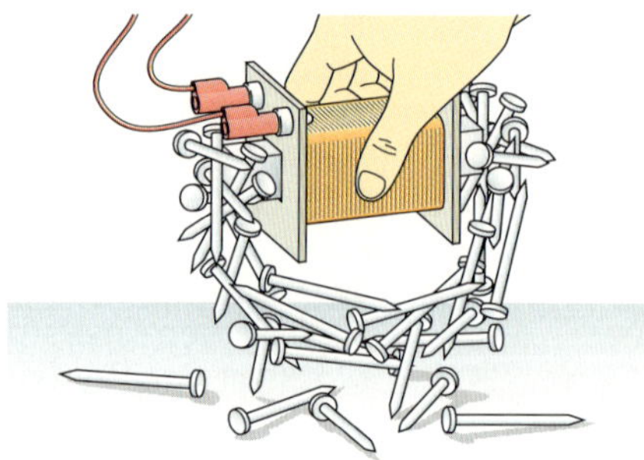

*4* Wirkung des Magnetfeldes bei einem Elektromagneten

## *Transformator*

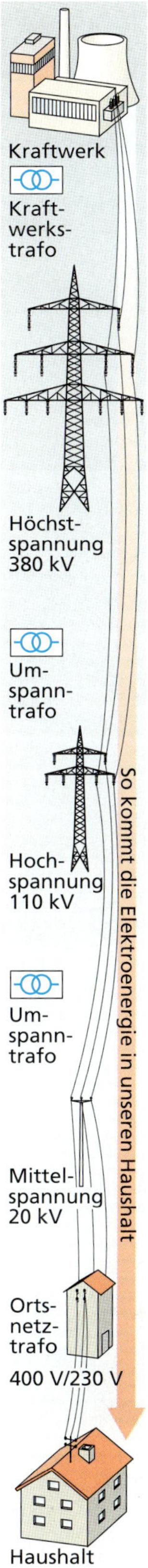


Mit einem Transformator wird elektrische Energie von einem Stromkreis auf einen anderen Stromkreis übertragen.

Ein einfacher Transformator besteht aus zwei getrennten Spulen, die über einen geschlossenen Eisenkern magnetisch miteinander verbunden sind. Diese Spulen werden auch Primär- und Sekundärspule genannt.

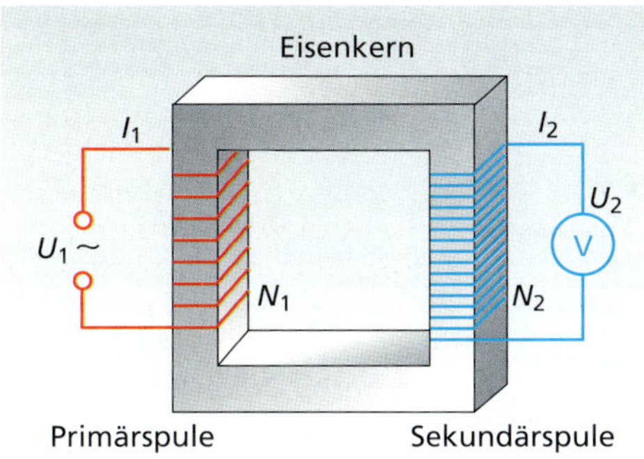


*Schutztransformator*

*Drehstromtransformator*

*Symbol für Netztrafo*

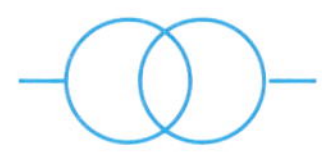

Zwischen beiden Stromkreisen besteht keine elektrisch leitende Verbindung.

***Am Transformator verhalten sich Primärspannung und Sekundärspannung wie die entsprechenden Windungszahlen.***

$$\frac{U_1}{U_2} = \frac{N_1}{N_2}$$

***Die Stromstärken am Transformator stehen im umgekehrten Verhältnis wie die Windungszahlen.***

$$\frac{N_1}{N_2} = \frac{I_2}{I_1}$$

***Transformatoren sind Wandler***

1. Sie wandeln niedrige Spannungen in höhere Spannungen oder hohe Spannungen in niedrige.
   Das spielt vor allem bei der Übertragung der Elektroenergie von der Erzeugung in Kraftwerken hin zum Verbraucher eine wichtige Rolle. Durch die Umwandlung in Hochspannung werden Übertragungsverluste vermieden.
2. Sie wandeln niedrige Stromstärken in hohe um und umgekehrt.
   Das wird zum Beispiel bei Messwandlern und zum Elektroschweißen genutzt.

***Einige Anwendungen für Transformatoren***

| | | |
|---|---|---|
| Leistungstransformatoren – Umspanner | ⟶ | zur Fernübertragung der Elektroenergie |
| Trenntransformatoren | ⟶ | Schutztrennung – Übertragungsverhältnis 1:1 |
| Hochstromtransformatoren | ⟶ | Elektroschweißen, Induktionserwärmung |
| Übertrager | ⟶ | in vielen Geräten der Unterhaltungselektronik |
| Klingeltransformator | ⟶ | Sammelbezeichnung für Transformatoren für Spannungen zwischen 6 und 18 V |
| Stromversorgungsgeräte | ⟶ | z. B. im Schulunterricht |
| Zündspule an Kraftfahrzeugen | ⟶ | für Zündspannungen von 10 kV bis 35 kV |

## Elektromotor

Ein einfacher Elektromotor besteht aus einem drehbaren Elektromagneten im Magnetfeld eines Dauermagneten. Der feststehende Dauermagnet wird auch als ***Feldmagnet*** oder Stator und der drehbare Elektromagnet als Läufer, Rotor oder ***Anker*** bezeichnet.

Elektromotoren mit Dauermagneten als Feldmagneten sind nur für Gleichstrom geeignet. Ist der Feldmagnet ein Elektromagnet, kann der Motor sowohl für Gleichstrom als auch für Wechselstrom verwendet werden.

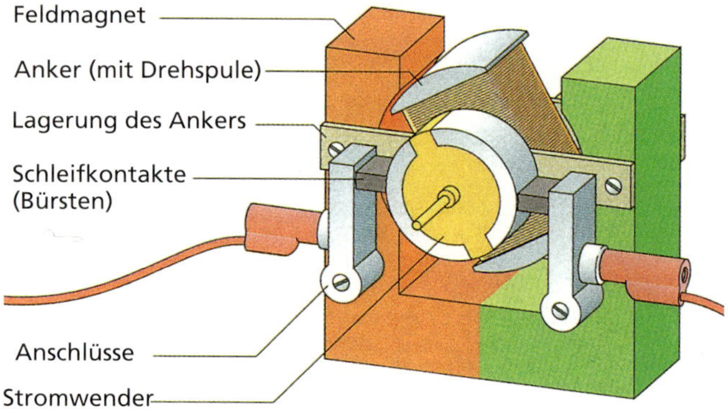


*1* Zweipolmotor mit Stromwender

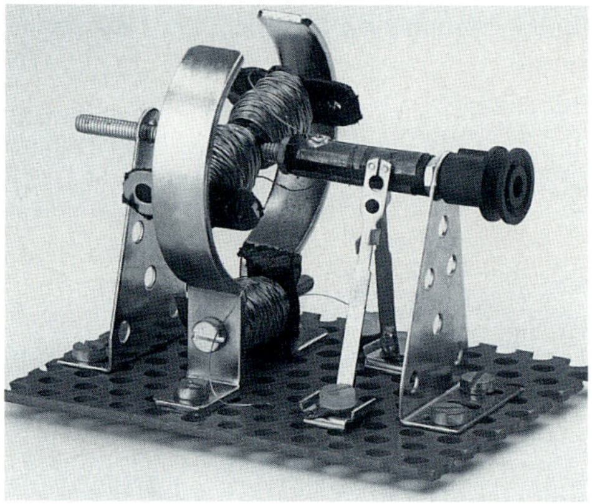

*2* Zweipolmotor mit Elektromagnet

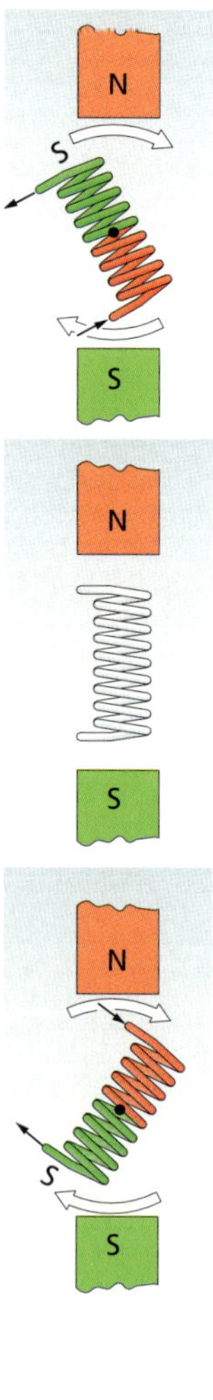


Fließt Strom durch die Ankerwicklung, wirken magnetische Kräfte zwischen Anker und Feldmagnet aufeinander. Der Anker dreht sich so weit, bis sich verschiedenartige Pole gegenüberstehen. Der Rotor würde nun stehen bleiben. Lässt man jetzt den Strom in der umgekehrten Richtung durch die Spule fließen, werden die Pole der Spule vertauscht. Der bisherige Nordpol wird Südpol und umgekehrt. Da sich jetzt gleichartige Pole gegenüberstehen, stoßen sie sich ab und der Anker wird weitergedreht.

Eine Vorrichtung, die den Strom in einem Anker umpolt, nennt man ***Stromwender***, Polwender oder Kommutator. Der Stromwender besteht aus Schleifringabschnitten, die mit den Ankerwicklungen verbunden sind. Die Schleifringabschnitte müssen voneinander isoliert sein. Sie sind so angeordnet, dass der Strom seine Richtung ändert, kurz bevor sich Nord- und Südpol gegenüberstehen.
Über Kontaktstifte wird der Strom zum Stromwender hin- und von ihm zurückgeführt. Sie werden als ***Bürsten*** bezeichnet, da sie früher aus kleinen Kupferbürsten bestanden, die jedoch zu starker Funkenbildung neigten. Heute bestehen die Kontaktstifte aus Graphit.

Motoren mit nur einer Spule und somit einem Stromwender aus zwei Schleifringhälften werden nur im Modellbau verwendet. Bei ihnen besteht der Nachteil, dass sie bei ungünstiger Lage des Rotors nicht selbst anlaufen. Außerdem laufen sie etwas „unrund".

*3* Dreipolmotor

*4* Trommelanker eines Elektromotors

***Dreipolanker*** mit dreigeteiltem Stromwender laufen hingegen selbstständig an, da nie zwei Ankerpole gleichzeitig den Polen des Feldmagneten genau gegenüberstehen. Anker mit einer größeren Polzahl erhöhen die Leistung des Motors und laufen „runder". Man bezeichnet sie als ***Trommelanker***.

## Generator

Der prinzipielle Aufbau eines Elektromotors und eines Generators ist gleich. Beide bestehen aus Rotor, Stator und Kommutator.

***Ein Generator ist eine Maschine, die mechanische Energie in Form von Rotation in elektrische Energie umwandelt.***

***Der Wechselspannungsgenerator***
Bei vielen Generatoren dreht sich nicht der schwere Magnet, sondern die Spule, in der der elektrische Strom entsteht. Diese Spule wird auch ***Anker*** genannt. Die Spannung wird über Schleifkontakte abgenommen. An einem angeschlossenen Messgerät ist zu erkennen, dass Wechselspannung entsteht (Abb. 5).

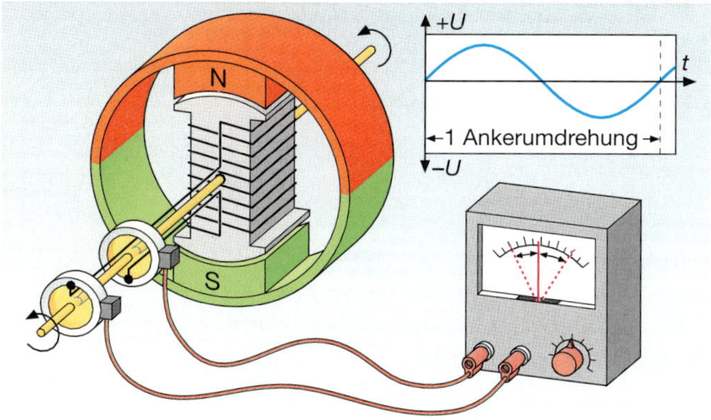


***5*** Das Prinzip des Wechselspannungsgenerators

Im Jahre 1866 baute ***Werner von Siemens*** den ersten leistungsstarken Gleichspannungsgenerator, der seinen Elektromagneten selbst erregt. Solche Generatoren heißen Dynamomaschinen.

Siemens schrieb über seinen neuen Dynamo: „Dieser Apparat wird den Grundstein einer großen technischen Umwälzung bilden."
Er sollte damit Recht behalten, denn ab jetzt war es möglich, große Kraftwerke zu bauen.
Seine Firma – Siemens & Halske – in Berlin entwickelte sich zu einem Weltunternehmen.

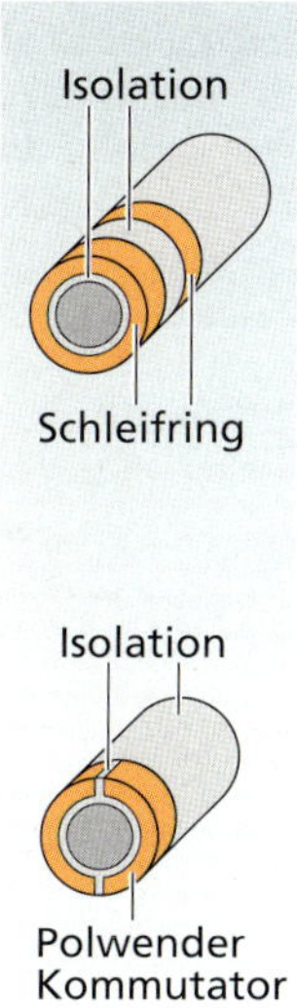


Ersetzt man die beiden Schleifringe des Wechselspannungsgenerators durch zwei Halbringe, den so genannten ***Polwender***, wird eine pulsierende Gleichspannung erzeugt.

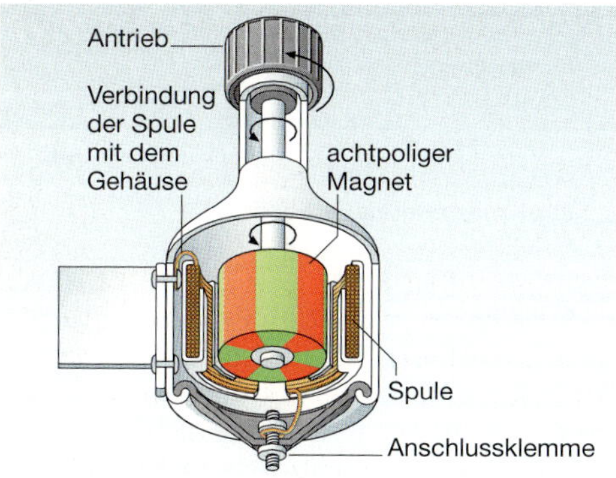


***6*** Fahrraddynamo

Der Generator findet überall dort Anwendung, wo elektrischer Strom aus Bewegung erzeugt wird, z. B. in allen Kraftwerken, in allen Transportmaschinen (als Dynamo oder Lichtmaschine) und in Notstromaggregaten.

***7*** Kraftwerksgenerator

## *Relais*

Elektromagnetische Relais (gesprochen: Relä) sind Schalter, die durch Elektromagnete betätigt werden. Mit Relais lassen sich starke Ströme und hohe Spannungen durch schwache Ströme und niedrige Spannungen ein- und ausschalten. Über dünne Drähte ist eine gefahrlose Fernbedienung elektrischer Geräte möglich. So kann z. B. ein schwacher Steuerstrom aus einer 4,5-V-Flachbatterie einen starken Strom aus einer 230-V-Netzspannungsquelle schalten.

Das in Abb. 1 dargestellte Relais besteht aus einem Weicheisenkern, einer Spule, einem beweglichen Anker und zwei Kontaktfedern, die vom Anker isoliert sind. Wird der links dargestellte Stromkreis geschlossen, fließt Strom durch die Relaisspule. Dadurch wird der bewegliche Anker angezogen und drückt eine Kontaktzunge weg. Bei Kontakt leuchtet die Lampe.
Fließt kein Strom durch die Spule, sind die Kontaktzungen geöffnet, die Lampe leuchtet nicht. Die Kontaktzungen wirken als ***Schließer***.

Den linken Stromkreis in Abb. 1 bezeichnet man als ***Steuerstromkreis***. In ihm liegt die Relaisspule. Den rechten Stromkreis bezeichnet man als ***Last- oder Arbeitsstromkreis***. In ihm liegen die Kontaktzungen. Zwischen beiden Stromkreisen besteht keine elektrische Verbindung. Fachleute sprechen von einer ***„galvanischen Trennung“***.

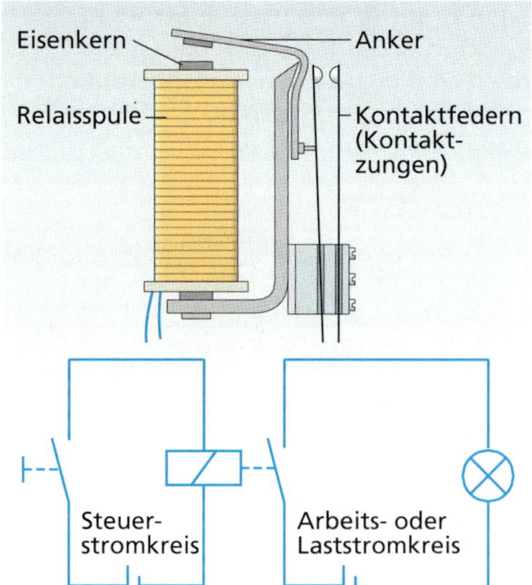


***1*** Schaltplan: Relais mit Schließer

Sind bei einem Relais in Ruhestellung die Kontaktzungen geschlossen, spricht man von einem ***Öffner***. Wird der Steuerstromkreis in der Schaltung nach Abb. 2 geschlossen, so wird der Laststromkreis geöffnet. Die Lampe erlischt.

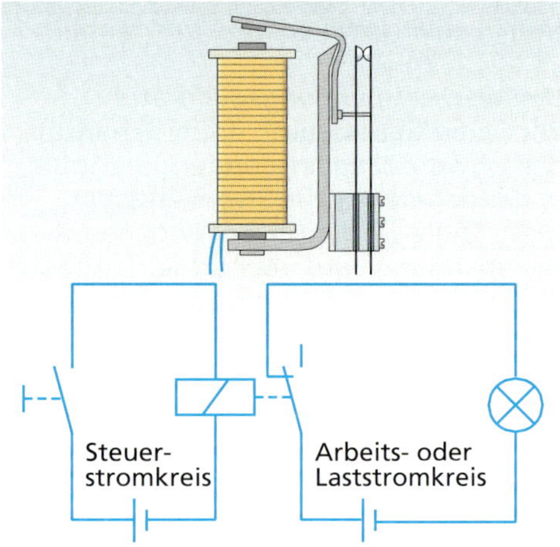


***2*** Schaltplan: Relais mit Öffner

Ein Relais mit ***Wechsler*** ist eine Kombination von Schließer und Öffner. Man kann Relais auch mit mehreren Kontaktsätzen aus Schließern, Öffnern und Wechslern kombinieren.

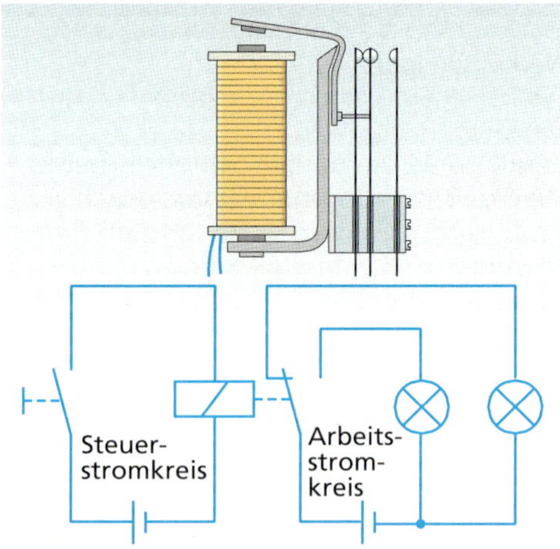


***3*** Schaltplan: Relais mit Wechsler

In Schaltplänen werden Relaisschaltungen wie andere Schaltungen auch im Ruhezustand dargestellt. Man zeichnet Relais in der Schaltstellung also so, als wäre die Spannungsquelle nicht angeschlossen.

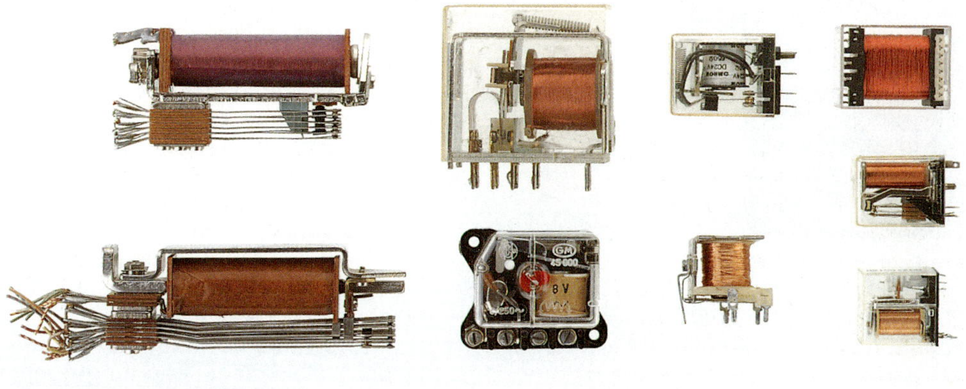

*4* Verschiedene Relaistypen

***Stromstoßschalter, Zwei-Spulen-Relais*** und ***gepolte Relais*** arbeiten wie Stellschalter. Nach dem Abschalten des Steuerstroms verharren sie in ihrer Schaltstellung. Wie die Namen sagen, erfolgt das Umschalten beim Stromstoßrelais durch weitere Stromstöße, beim Zwei-Spulen-Relais durch zwei Spulen und beim gepolten Relais durch Umpolen der Stromrichtung.

Im Gegensatz zu anderen Relais können Stromstoßschalter mit Wechselstrom betrieben werden. Bei ihnen wird der Sachverhalt genutzt, dass beim Einschalten eines Relais die wirksame Kraft des Elektromagneten am größten ist. Ein Stromstoß zieht den Stoßanker an, der eine Schaltscheibe bewegt. Bei jedem Stromstoß wird die Scheibe nach links oder rechts gekippt und bleibt in ihrer Kippstellung stehen. Die Kontaktpunkte werden dabei geöffnet oder geschlossen.

Stromstoßschalter haben schaltungstechnische Vorteile. Mit parallel geschalteten EIN-Tastern kann von beliebig vielen Stellen aus geschaltet werden. Zwei-Spulen-Relais und gepolte Relais eignen sich als elektrische Speicher für Steuerungen.

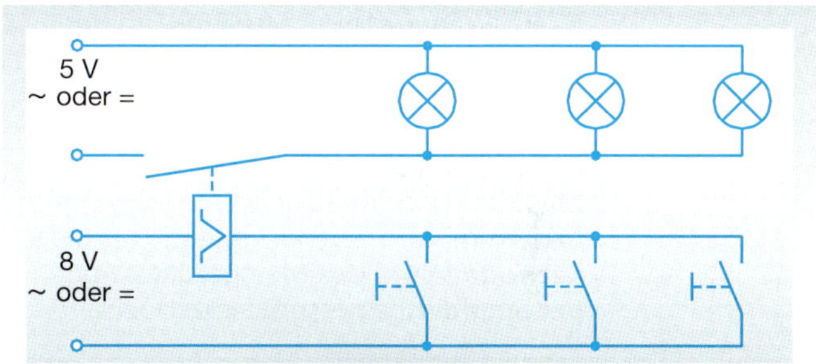


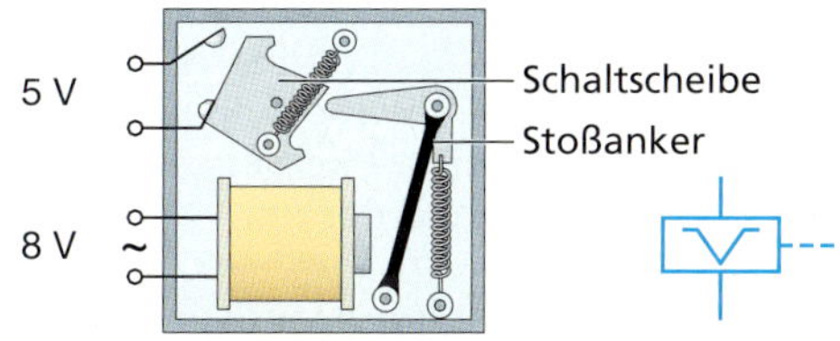


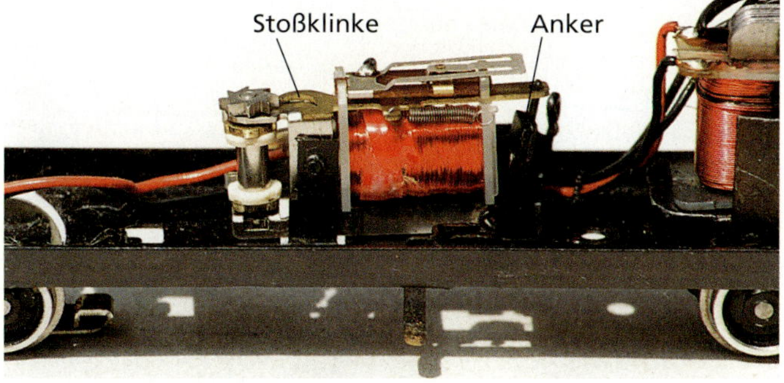


*5* Umschalten der Fahrtrichtung bei einer Modell-Lokomotive durch Stromstoßschalter

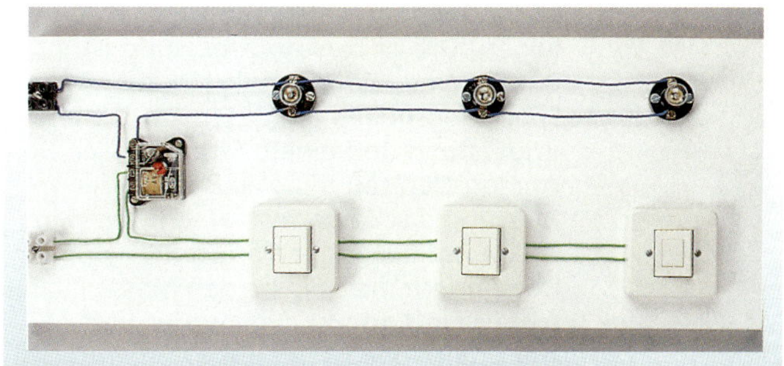

*6* Beleuchtungseinrichtung mit Stromstoßschalter

## *Messen elektrischer Größen*

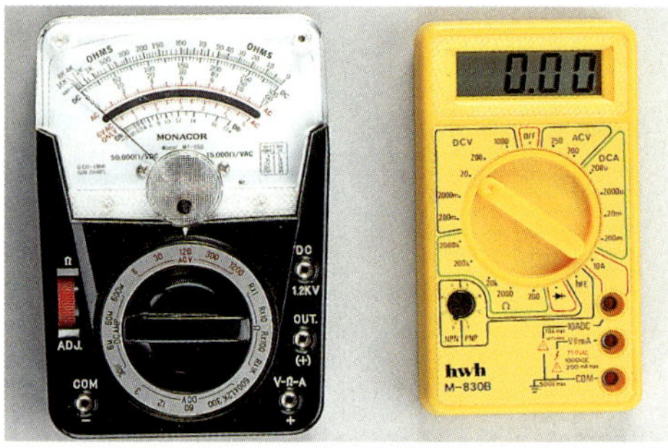


*1* Analog- und Digitalmessgerät

Zum Messen elektrischer Größen wie Spannung, Stromstärke und Widerstand werden ***Vielfachmessgeräte*** am häufigsten verwendet. Bei ihnen lassen sich verschiedene Messbereiche einstellen.

Man kann Messgeräte mit ***analoger*** oder ***digitaler*** Anzeige verwenden. Bei der analogen Anzeige bewegt sich der Zeiger eines Messwerks über eine Skala. Analog-Messgeräte zeigen gut den Verlauf von Veränderungen der Messwerte an. Sie lassen sich bei Schwankungen von Messwerten gut anwenden. Bei digitalen Messgeräten wird der Messwert in Ziffern angezeigt. Sie arbeiten genauer und die Messwerte lassen sich besser ablesen.

Bei der ***Spannungsmessung*** wird das Messgerät parallel zur Spannungsquelle bzw. zum Verbraucher gelegt. Der Innenwiderstand des Messgeräts ist bei der Spannungsmessung sehr hoch.

Bei der ***Stromstärkemessung*** wird das Messgerät in den Stromkreis gebracht. Es liegt in Reihe zum Verbraucher. Bei der Stromstärkemessung ist der Innenwiderstand gering.

Bei der ***Widerstandsmessung*** darf keine Spannung von außen am Messgerät anliegen! Die Widerstandsmessung ist im Prinzip eine Reihenschaltung aus einer Spannungsquelle im Messgerät, einem Widerstand und einem Strommesser. Bei Analog-Geräten muss zu Beginn der Messung das Zeigerinstrument auf den Nullpunkt der Skala eingestellt werden. Dazu bringt man die beiden Messschnüre in Kontakt zueinander und stellt den Vollausschlag (0 Ohm) ein. Die Widerstandsskala läuft umgekehrt zu den anderen Skalen.

Wichtige ***Regeln beim Messen*** mit einem Vielfachmessgerät:

1. Messgröße (Stromstärke, Spannung, Widerstand) wählen und größten Messbereich einstellen.
2. Mit den Spitzen der Messschnüre die Messpunkte kurz antippen und vorsichtig herunterschalten.
3. Bei Analog-Messgeräten Messbereich so wählen, dass die Spannung oder die Stromstärke im oberen Drittel der Skala abgelesen werden kann, bei Widerstandsmessungen etwa auf der Hälfte.
4. Bei Stromstärkemessungen das Gerät nie parallel zu einer Spannungsquelle schalten!
5. Bei Gleichspannung und Gleichstrom die Polung beachten.
6. Messschnüre zuerst an das Messgerät und dann an die Messpunkte anschließen.

***Abkürzungen:***

*ACV: Wechselspannung*

*DCV: Gleichspannung*

*ACA: Wechselstromstärke*

*DCA: Gleichstromstärke*

*R, Ω, Ohm: Widerstand*

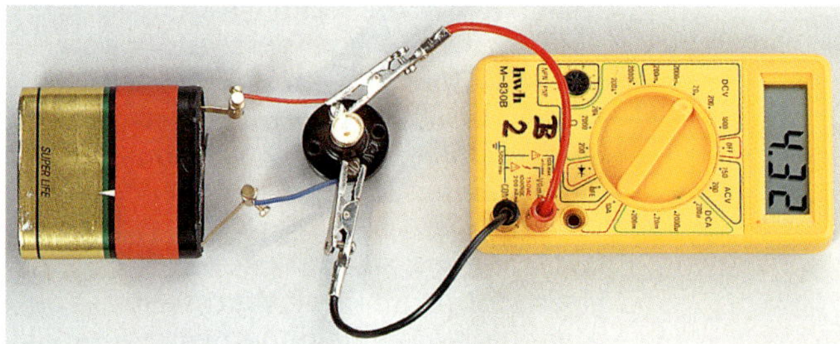


*2* Messen von Spannungen

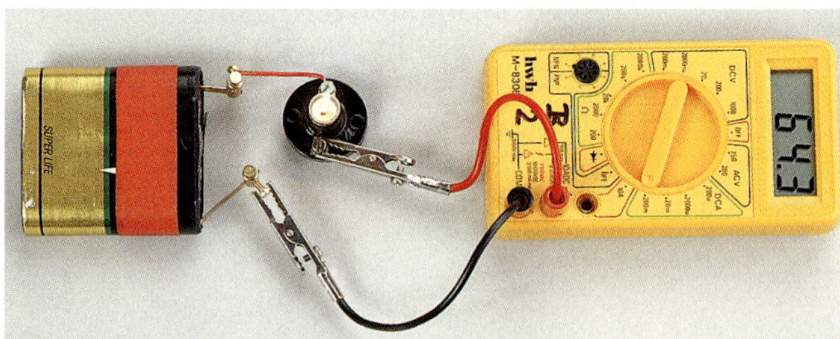


*3* Messen von Stromstärken

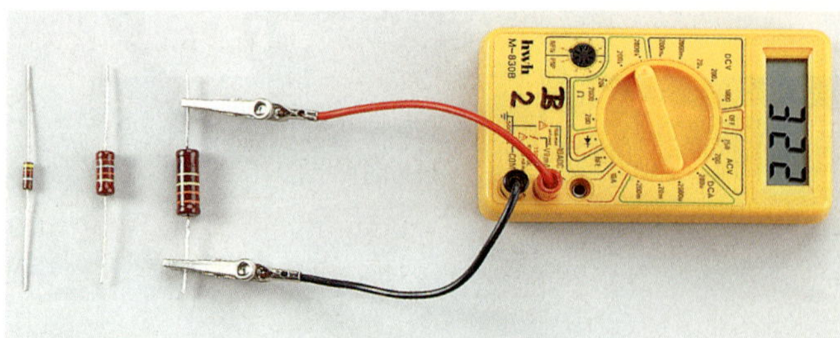


*4* Messen von Widerständen

# Berechnen elektrischer Größen



## *Zusammenfassung physikalischer Sachverhalte*

Verbraucher wie Lampen, elektrische Motoren, elektrische Heizquellen usw. haben die Eigenschaft, den elektrischen Strom zu hemmen. Das nennt man den ***elektrischen Widerstand***. Der Widerstand ($R$) kann aus dem Quotienten der angelegten Spannung ($U$) und der Stromstärke ($I$) berechnet werden.

Bei einer ***Reihenschaltung*** von Verbrauchern ist die Stromstärke im Stromkreis überall gleich groß. Der Gesamtwiderstand ($R_{ges}$) ist gleich der Summe der Einzelwiderstände. Die zur Verfügung stehende Betriebsspannung ($U_{ges}$) teilt sich auf die angeschlossenen Verbraucher auf. Zum Beispiel wird bei einer Partylichterkette die Netzspannung von 230 V auf 16 Lampen mit der Nennspannung von ca. 14 V aufgeteilt.

Man kann einen Verbraucher mit einer niedrigeren Nennspannung als der Betriebsspannung betreiben, wenn ein ***Schutzwiderstand*** in Reihe geschaltet wird.

***Berechnungsbeispiel:***
Ein Lämpchen mit den Angaben 6 V/0,1 A soll mit 9 V Spannung betrieben werden. Um ein Durchbrennen zu verhindern, muss am Schutzwiderstand die überflüssige Spannung $U_V$ von 9 V – 6 V = 3 V „abfallen“. Bei 6 V Spannung an der Lampe fließt ein Strom mit 0,1 A durch die Lampe und durch den Schutzwiderstand. Der Widerstandswert des Schutzwiderstands (Vorwiderstands) $R_V$ beträgt dann:

$$R_V = \frac{U_V}{I} = \frac{9\,V - 6\,V}{0{,}1\,A} = 30\,\Omega$$

Man wählt den nächst höheren Wert aus der Normreihe, z. B. 33 Ω.

Verbraucher werden in der Regel parallel geschaltet. Sie können dadurch unabhängig voneinander eingeschaltet werden und erhalten die gleiche Betriebsspannung. Bei einer ***Parallelschaltung*** ist der Gesamtstrom gleich der Summe der Ströme in den Leitungszweigen. Für die Spannungen und Widerstände gelten die rechts stehenden Formeln.

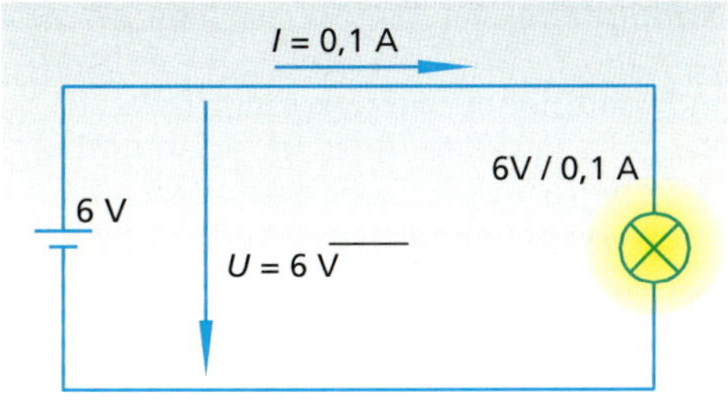


$R = \frac{U}{I}$ $\quad R = \frac{6\,V}{0{,}1\,A} = 60\,\Omega$

*5* Lampe im Stromkreis

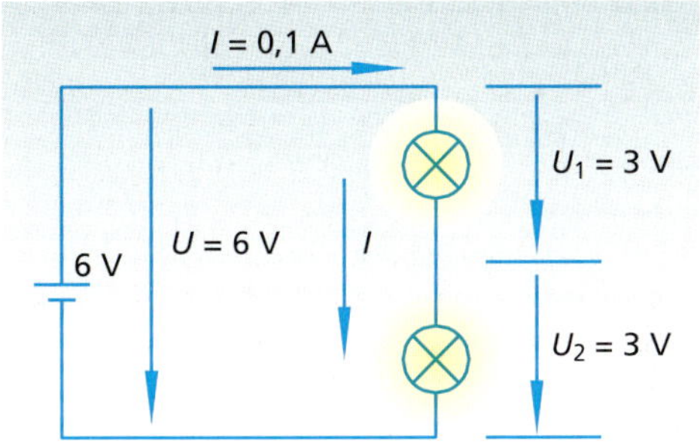


$I_{ges} = I_1 = I_2 \quad U_{ges} = U_1 + U_2 \quad 6\,V = 3\,V + 3\,V$

$R_{ges} = R_1 + R_2$

*6* Reihenschaltung von Lampen

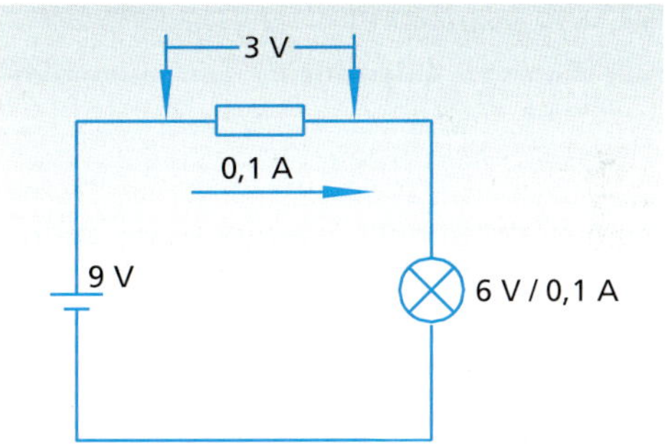


*7* Schutzwiderstand

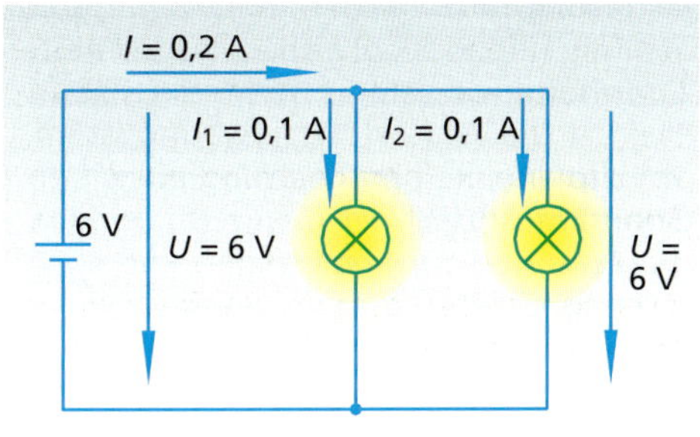


$U_{ges} = U_1 = U_2 \qquad I_{ges} = I_1 + I_2$

$\frac{1}{R_{ges}} = \frac{1}{R_1} + \frac{1}{R_2} \qquad 0{,}2\,A = 0{,}1\,A + 0{,}1\,A$

*8* Parallelschaltung von Lampen

# Zeichnerische Darstellung von Schaltungen

### Schaltpläne

In Schaltplänen werden elektrische Bauteile und ihre Verbindungen mithilfe von grafischen Symbolen – wir sprechen von Schaltzeichen – zeichnerisch dargestellt (siehe Seite 57).
Die Benennung und Bedeutung von Schaltzeichen ist festgelegt (genormt).

### Aufbau und Verwendung

Schaltpläne informieren über
- die Anordnung der Bauteile,
- die Strompfade,
- die Verlegung der Leitungen,
- die Wirkungsweise einer Schaltung,
- die benötigten elektrischen Werte.

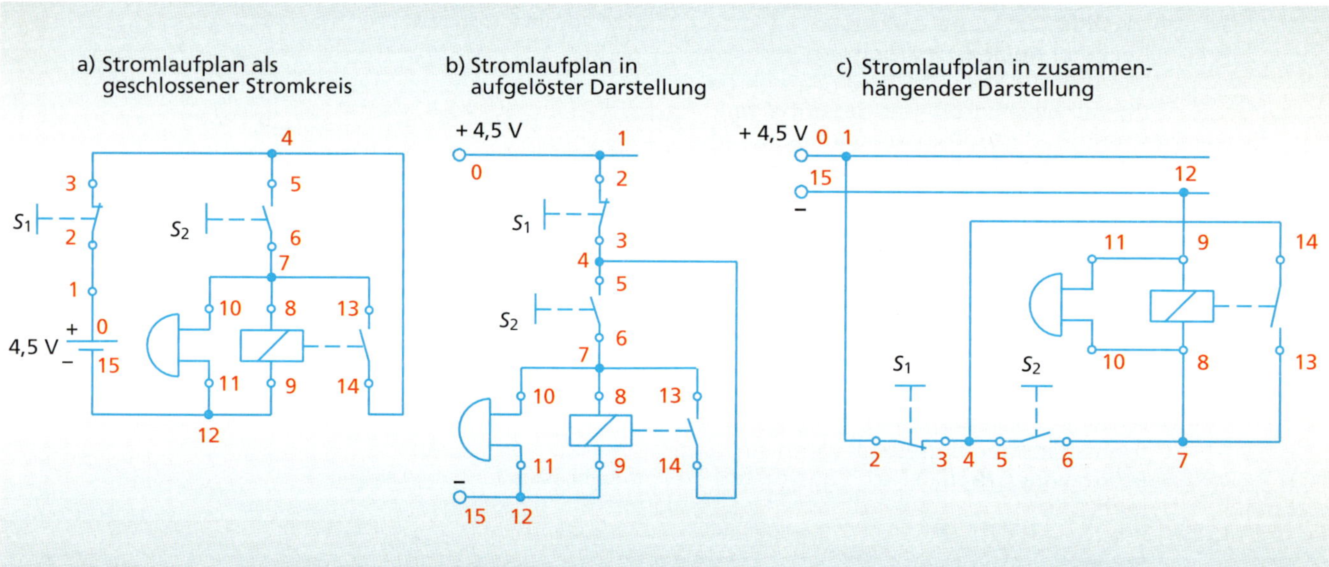


*1* Schaltpläne für eine akustische Rufanlage mit Speicherung des Alarmsignals

Je nach Verwendungszweck unterscheiden wir Schaltpläne in Form geschlossener Stromkreise und Schaltpläne als Stromlaufpläne in aufgelöster oder zusammenhängender Darstellung (Abb. 1).
Für alle gilt:
- Alle Bauteile und Leitungen sind vorhanden.
- Strompfade werden möglichst geradlinig und kreuzungsfrei dargestellt.
- Schaltungszustand: spannungslos.

***Schaltpläne in Form geschlossener Stromkreise*** zeichnet man z. B., um sich mit Personen zu verständigen, die noch nicht sehr viel Übung im Lesen von Schaltplänen haben (Abb. 1a).
Auf die räumliche Lage und den mechanischen Zusammenhang der Bauteile (z. B. bei Relais) muss keine Rücksicht genommen werden.

Der ***Stromlaufplan in aufgelöster Darstellung*** zeigt die Schaltung nach Strompfaden aufgelöst. Ihre Funktion sowie ihre Strompfade sind so besonders gut zu erkennen (Abb. 1b).

Der ***Stromlaufplan in zusammenhängender Darstellung*** (Abb. 1c) wird bei komplexen elektrischen Anlagen verwendet, z. B. beim Telefon, bei Modelleisenbahnen oder der Hausinstallation. In ihm gibt es keine aufgelösten Strompfade. Er wird häufig durch eine Stückliste ergänzt.
***Vorteil:*** Die Bauteile (häufig mit strichpunktierten Linien umrandet) sind gut zu erkennen. Diese Art des Stromlaufplans kann bei der Entwicklung des Verdrahtungsplans helfen.

*Verdrahtungsplan*

Mit einem Verdrahtungsplan kann eine Schaltung funktionssicher und ohne allzu großen Zeitaufwand aufgebaut werden.
Er zeigt die tatsächliche räumliche Lage der Bauteile und ihrer elektrischen Verbindungen auf der Unterlage (z. B. auf einer Sperrholzplatte).
Zahlen an den Anschlüssen und Verzweigungen (siehe auch Abb. 1) erleichtern die Orientierung und den Vergleich mit dem Stromlaufplan.

Im Verdrahtungsplan werden
- Bauteile mit ihren tatsächlichen Maßen dargestellt,
- Bauteile so angeordnet, dass ihre Verbindung einfach und auf dem kürzesten Weg möglich ist,
- Leitungen parallel zu den Rändern der Unterlage gezogen und
- Leitungen farblich unterschieden.

Der Leitungsverlauf wird in kleinen Abschnitten von Bauteil zu Bauteil oder zu einer Verzweigungsstelle gezeichnet.

Ebenfalls Schritt für Schritt solltest du beim Überprüfen des Verdrahtungsplans auf seine Richtigkeit und Vollständigkeit mit einer Checkliste (Abb. 2) vorgehen.

| Leitungsverlauf von … | bis … | vorhanden |
|---|---|---|
| 1 | 2 | ✓ |
| 3/4 | 5 | ✓ |
| 6 | 7/10/13 | ✓ |
| 7/10 | 8 | ✓ |
| 3/4 | 14 | ✓ |
| | | ✓ |
| | | ✓ |
| | | ✓ |

*2* Checkliste

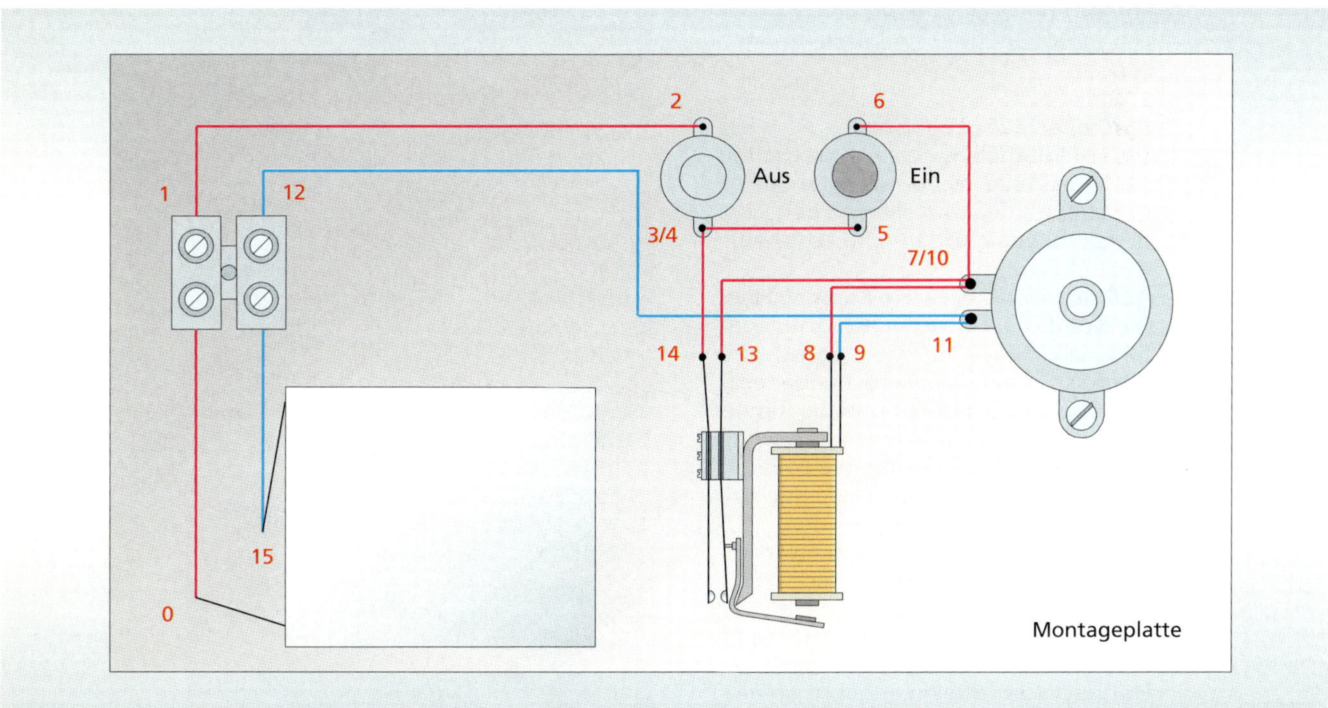


*3* Verdrahtungsplan für eine Rufanlage

## Aufbauen von Schaltungen

***Aufbautechnik „Brettschaltung“***

Als Grundplatte wird ein Brettchen verwendet. Werden die Bauelemente wie beim Stromlaufplan angeordnet, ist der Schaltungsaufbau nicht schwierig. Zur Verbindung von Schalt- und Anschlussdrähten sind Buchsenklemmen (Lüsterklemmen) oder Lötstützpunkte mit Messingnägeln, Reißnägeln oder Aderendhülsen geeignet.
Schaltdrähte werden mit dem Seitenschneider abgeschnitten und mit der Abisolierzange abisoliert. Die Abisolierzange muss so eingestellt sein, dass nur die Isolation und nicht der Leiter eingekerbt wird.

Der Schaltungsaufbau wird übersichtlich, wenn die Schaltdrähte parallel zu den Rändern der Montageplatte angeordnet und rechtwinklig gebogen werden. Farblich unterschiedliche Drähte erleichtern das Überprüfen der Schaltung.

*1* Brettschaltung

***Aufbautechnik „Lochraster“***

Die Schaltdrähte werden wie bei einer Brettschaltung geführt. An den Verbindungspunkten werden Leitungsenden und Anschlussdrähte an Steckern verschraubt oder an Lötpunktringen verlötet. An Lötpunktringen soll möglichst nur kurzzeitig gelötet werden, da sie sich sonst von der Grundplatte lösen können.

*2* Lochraster

***Aufbautechnik „Lötleisten“***

Lötleisten ergeben eine kompakte Bauweise. Bauteile lassen sich ohne Beeinträchtigung der Lötstellen an den Lötfahnen beliebig oft an- und auslöten.

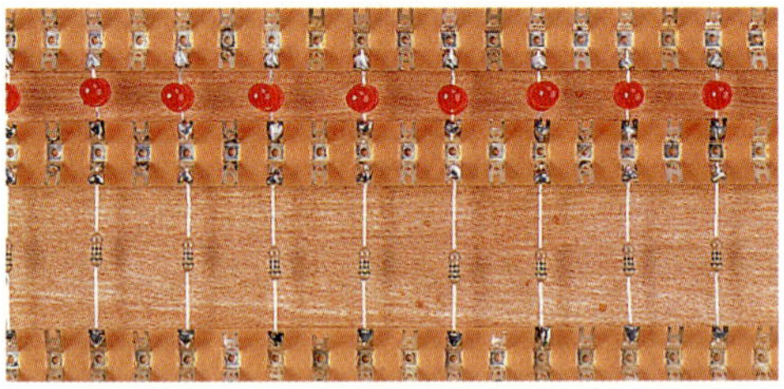

*3* Lötleisten

***Aufbautechnik „Geätzte Kupferfläche“***

Die Kupferfläche wird mit Selbstklebefolie ganz abgeklebt. Trennungsstreifen werden mit einem Folienschreiber auf die Folie aufgezeichnet und die Ränder mit einem scharfen Messer ausgeschnitten. Anschließend werden die Folienstreifen abgezogen, damit die Kupferschicht an den Trennungsstreifen freigelegt ist. Die Platine kann jetzt in ein Ätzbad gelegt werden. Nach dem Abätzen der Streifen wird die Platine mit Wasser gespült und die restliche Folie abgezogen. Anschließend wird die Platine an den Stellen gebohrt, an denen die Bauteile eingelötet werden.

***Vorsicht!***

Nur unter Anleitung deines Lehrers oder deiner Lehrerin ätzen.

*4* geätzte Kupferfläche

## Fügen durch Löten

*5* Lötkolben

***Lötverbindungen*** sind elektrisch gut leitende und feste Verbindungen. Für Lötverbindungen eignet sich ein Lötdraht aus einer Zinn-Legierung (L-Sn98), deren Schmelzpunkt bei ca. 230 °C liegt. Im Inneren des Lötdrahtes befindet sich ein Flussmittel. Es verhindert die Oxidation, entfettet und benetzt die Lötstelle.

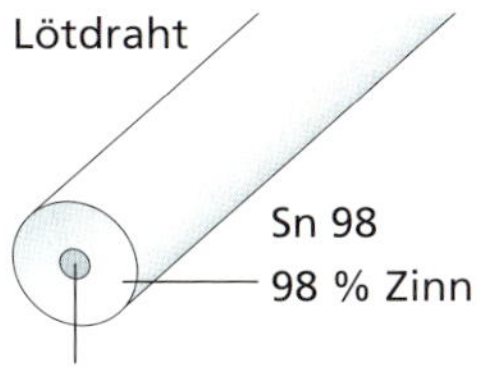


Beim ***Lötvorgang*** müssen die zu verbindenden Teile völlig fettfrei, oxidfrei und so fixiert sein, dass sie sich beim Berühren mit dem Lötkolben nicht bewegen können. Der Abstand der Teile sollte möglichst gering sein, denn ein schmaler Spalt saugt das heiße Lot an. Die zu verbindenden Metallteile müssen immer so stark erwärmt werden, dass das Lot darauf fließen kann. Perlt das Lot, ist die Lötstelle zu kalt oder nicht sauber. Man lässt die Lötkolbenspitze aber nur so lange an der Lötstelle, bis sich das Lot gut verteilt hat. Bei einer guten Lötverbindung glänzt die Oberfläche unmittelbar nach dem Lötvorgang, ist glatt und hat einen glatten Rand (etwa 2 Sekunden den Lötkolben aufsetzen).

***Arbeitssicherheit:***

- Generell bleifreies Lot einsetzen
- Öffnen der Fenster in Kippstellung
- Vor jedem Lötvorgang die Lötspitze mit einem nassen Schwamm reinigen
- Als Flussmittel stabilisierte und reine Harze (Typ WW) einsetzen (nicht Lötwasser, Lötpaste oder Lötfett)
- Händewaschen nach dem Unterricht

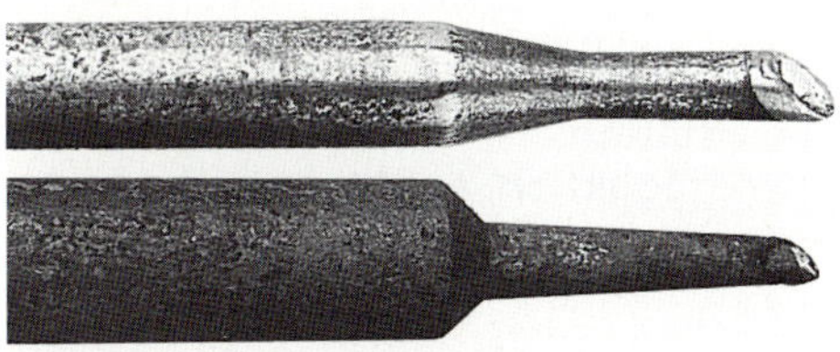

*6* gute und schlechte Lötspitze

Die Spitze des elektrischen Lötkolbens wird durch ein Heizelement erwärmt. Die Lötspitze darf nicht oxidiert sein, damit sie die Wärme gut an die Lötstelle weiterleitet. Die Lötspitze wird im warmen Zustand mit einem Leinenlappen gereinigt und anschließend verzinnt. Hierzu tippt man den Lötdraht an die Lötspitze. Diese wird durch das Flussmittel gereinigt, das Lot schmilzt und bildet einen Tropfen. Mit dem Lappen wird kurz über die Lötspitze gewischt und dieser Vorgang so lange wiederholt, bis der vordere Teil rundum mit einem Lotüberzug versehen ist.

*7* Lötvorgang

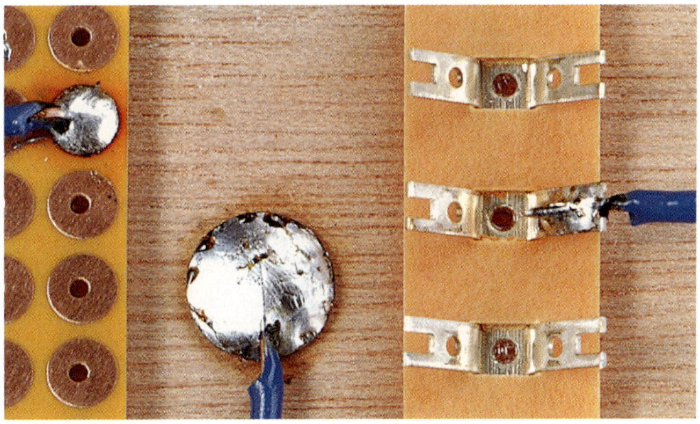

*8* gute Lötstellen

## *Ausgewählte Berufe zum Thema Elektrotechnik*

In einer Vielzahl von Berufen spielt die Elektrotechnik eine entscheidende Rolle. Die vollständigen Informationen zu den Berufen bekommst du am besten beim Arbeitsamt oder in deiner Schule. Frage, wenn du mehr Informationen haben möchtest, nach „Beruf aktuell“ oder den „Blättern zur Berufskunde“. Beides sind Informationsmaterialien, die vom Arbeitsamt speziell für die Berufswahl herausgegeben werden. Dort findest du nicht nur Berufsbeschreibungen, sondern auch wichtige Hinweise zur Dauer der Ausbildung und zu dem Schulabschluss, den du erreichen musst, um überhaupt einen Ausbildungsvertrag bekommen zu können.
Allgemein kannst du bei allen Berufen davon ausgehen, dass du einen Schulabschluss benötigst und mindestens drei Jahre in die Lehre und Berufsschule gehen musst.

*1* Elektromaschinenmonteurin

***Elektromaschinenmonteur/ Elektromaschinenmonteurin***
Sie produzieren, montieren, warten und reparieren elektrische Maschinen (z. B. Motoren, Generatoren und Transformatoren). Sie fertigen mechanische Bauteile und Wicklungen, bauen Geräteteile zusammen, verdrahten, prüfen und messen die Maschinen und nehmen sie in Betrieb.

Arbeitsstätten:
in der Produktion, auf Montagebaustellen, in Servicewerkstätten

*2* Energieelektroniker

***Energieelektroniker/ Energieelektronikerin Fachrichtung Anlagentechnik***
Sie montieren und verdrahten mechanische, elektromechanische und elektrische Geräte. Dabei müssen physikalische Größen gemessen, Leitungen und Kabel verlegt, Installationssysteme anhand von Schaltplänen eingerichtet und Anlagen der Energieverteilung, der Steuerungs-, Melde-, Antriebs- und Beleuchtungstechnik in Betrieb genommen werden.

Arbeitsstätten:
auf Montagebaustellen, in Betriebswerkstätten, im Servicebereich

***Büroinformationselektriker/
Büroinformationselektrikerin***

Sie planen und installieren Computersysteme und andere informationstechnische Geräte im Bürobereich. Sie haben mit mechanischen und elektronischen Schreibmaschinen, Kopierern, Computern, Druckern, Telefaxgeräten, Diktiergeräten und kleinen Offsetdruckmaschinen zu tun. Diese Geräte werden beim Kunden installiert, gewartet und repariert.
Sie beraten Kunden und weisen sie in die Bedienung der Geräte ein.

Arbeitsstätten:
in Werkstätten, im Kundendienst

***3*** Büroinformationselektriker

***Elektroinstallateur/Elektroinstallateurin***

Sie installieren elektrische Anlagen (z. B. Stromversorgung, Stromverteilung, Antennen, Blitzschutz, Beleuchtung, Melde- und Signalanlagen).
Auch für Elektroheizungen und Elektro-Warmwasserbereitung sind sie Fachleute. Sie verlegen Leitungen, montieren Leuchten, Schalt- und Steckvorrichtungen, Sensoren und bauen Zähler sowie Verteilerschränke ein. Zu weiteren Aufgabenbereichen gehören die Beratung der Kunden, die Reparatur und das Warten elektrischer Leitungen, Geräte und Anlagen.

Arbeitsstätten:
auf Baustellen, in Werkstätten, im Kundendienst

***4*** Elektroinstallateurin

***Industrieelektroniker/
Industrieelektronikerin
Fachrichtung Gerätetechnik***

Sie stellen mechanische, elektromechanische und elektrische Bauteile, Baugruppen und Geräte her. Dabei müssen auch Werkzeugmaschinen bedient werden. Nach dem Zusammenbauen und Verdrahten von Baugruppen gleichen sie die Baugruppen in ihren Funktionsmerkmalen ab und nehmen die Geräte in Betrieb.

Arbeitsstätten:
in der Fertigung, in Versuchsabteilungen, in der Qualitätssicherung, im Prüfmittelbau

***5*** Industrieelektroniker

# Stichwortverzeichnis